# 典故里的
# 家风故事

秦强 编著

人民出版社

# 目　录

# 前　言
## 家风无小事，治国先齐家

　　家是最小国，国是千万家。古人云："家之兴替，在于礼义，不在于富贵贫贱。"中华民族自古深受"家国同构"文化传统影响，历来讲求"修身齐家治国平天下"，主张"将教天下，必定其家，必正其身"，把家风家教视为治家教子、修身处世的重要载体和关键环节。家庭是社会的基本细胞，是人生的第一所学校，是人们身体的住处和心灵的归宿。家风是社会风气的重要组成部分，家风好，就能家道兴盛、和顺美满；家风差，难免殃及子孙、贻害社会。习近平总书记非常重视家庭建设，注重家庭、注重家教、注重家风，多次指出领导干部的家风，不是个人小事、家庭私事，而是领导干部作风的重要表现，强调要带头树好廉洁自律的"风向标"，管好家属子女和身边工作人员，坚决反对特权思想和特权现象，树立好的家风家规。治国先齐家，家风建设对个人命运、家庭幸福和国家发展都有着深远的影响和现实的意义。特别是对于领导干部而言，家风与党风、政风、民风紧密相连、相互作用，领导干部只有严家规、正家风、重家教，在正身齐家、教好子女、管好家人上用心用力，才能一心在公、用好权力、干好事业。可以说，家风是党员作风的试金石，家风建设是领导干部作风建设的必修课。

　　欲明大道，必先学史。中国古代有不少家训，凝结着古人家庭教育的智慧，流传千古。国有国法，家有家规。家规是家庭言行的方向灯，在一定程度上反映了一个家庭的价值观、道德观、世界观，也反映出家庭成员的道德水平、文化素养、价值追求。良好的社会风气离不开优良的家风，而优良的家风又需要家规来培育。在这一点上，许多古代历史名人的家风家规，为我们树立了楷模、作出了示范。同时，在党的百年奋斗征程中，许多老一辈革命家在家风家教方面，严于律己，从严治家，自觉维护党和人民的利益，教导亲属和身边工作人员不搞特殊化，树立了立身齐家、弘风重教的典范，为我们如何在传承红色家风、赓续红色血脉中正家风、严党风、促政风、带民风，树立了榜样、作出了表率。

家风是社会风气的重要组成部分。家庭不只是人们身体的住处，更是人们心灵的归宿。节俭的家风使人清廉，勤奋的家风促人进取，朴素的家风使人务实。良好家风是领导干部廉洁自律的前提，也是领导干部谋事创业的保证。习近平总书记曾多次指出，各级领导干部要带头抓好家风，教育亲属子女树立遵纪守法、艰苦朴素、自食其力的良好观念。领导干部位高权重，必须警诫为先、身正为旗，防微杜渐、守住小节。因为，只有守住小节才能成就大义，只有防微杜渐才能百毒不侵。领导干部要树立"一粥一饭当思来之不易，半丝半缕恒念物力维艰"的勤俭持家观念，营造"克勤克俭、戒骄去奢"的家风环境，始终做到"勿以恶小而为之"的慎初慎始慎微慎独，时刻保持"久入芝兰之室不闻其香，久入鲍鱼之肆不闻其臭"的警惕清醒。唯有将家风建设内化于心、外化于行，才能远离违法乱纪的"高压线"、筑牢防腐拒变的"防火墙"，将高洁的道德品行、高尚的家国情怀传承下去。

家风好坏，领导干部自身言行是关键。领导干部的家风，不是一般意义上的家庭小事，它关系党风、政风、民风的好坏，关系党和政府的威信，关系领导干部的自身形象。领导干部要言传身教、身体力行，引导家庭成员常思贪欲之害、常怀律己之心，帮助家庭成员树立清正观念、廉洁意识；要以身作则、严于律己，自觉提高道德品位，树立高尚人生追求，在各种诱惑面前洁身自好，不能开的口坚决不开，不能用的权坚决不用，不能拿的钱坚决不拿；要知行合一、言行一致，做到家里和家外一个样、台下和台上一个样、八小时外和八小时内一个样，始终保持高尚道德情操和健康生活情趣。加强家风建设，必须突出领导干部这个"关键少数"。什么是关键少数？对全国人民来说，共产党员是关键少数；对广大群众来说，领导干部是关键少数；对领导干部来说，班子成员是关键少数；对班子成员来说，一把手是关键少数。习近平总书记指出，各级领导干部要教育亲属子女树立遵纪守法、艰苦朴素、自食其力的良好观念，明白见利忘义、贪赃枉法都是不道德的事情，要为全社会做表率。领导干部为官从政，必先"正好家风、管好家人"，带头管好家属子女和身边工作人员，树立好的家风家规，清清白白做人、干干净净做事，不能颠倒了公私、混淆了是非、模糊了义利、放纵了亲情。对领导干部来说，良好的家风不仅是砥砺品行的"磨刀石"，还是防腐拒变的"消毒剂"，更是遵纪守法的"防火墙"，要充分发挥良好家风的涵养作用，做到以身作则、严于律己，心系群众、抵制特权，培育严正家风、涵养优良党风。

行为成习惯，习惯成自然，行为一旦成风气，影响巨大而深远。一个人的风清气正，不能完全靠外部约束、纪法威慑，更要靠自觉自律、家风涵育。家风正则党风优、政风清、民风淳。家风是领导干部权力观的集中反映，每一个领导干部都要谨记，我们手中的权力，只能用来为人民谋利益，而绝不允许搞任何形式的以权谋私。对此，习近平总书记强调，每一位领导干部都要把家风建设摆在重要位置，廉洁修身、廉洁齐家，在管好自己的同时，严格要求配偶、子女和身边工作人员。各级领导干部要牢固树立正确权力观，保持高尚精神追求，敬畏人民、敬畏组织、敬畏法纪，做到公正用权、依法用权、为民用权、廉洁用权，永葆共产党人拒腐蚀、永不沾的政治本色。

# 1. 周公旦《诫伯禽书》：无求备于一人

## 典故出处

### 周公旦《诫伯禽书》

君子不施其亲，不使大臣怨乎不以。故旧无大故则不弃也，无求备于一人。

君子力如牛，不与牛争力；走如马，不与马争走；智如士，不与士争智。

德行广大而守以恭者，荣；土地博裕而守以俭者，安；禄位尊盛而守以卑者，贵；人众兵强而守以畏者，胜；聪明睿智而守以愚者，益；博文多记而守以浅者，广。去矣，其毋以鲁国骄士矣！

## 译文

有德行的人不怠慢他的亲戚，不让大臣抱怨没被任用。老臣故人没有发生严重过失，就不要抛弃他。不要对某一人求全责备。

有德行的人即使力大如牛，也不会与牛竞争力的大小；即使飞跑如马，也不会与马竞争速度的快慢；即使智慧如士，也不会与士竞争智力高下。

德行广大者以谦恭的态度自处，便会得到荣耀。土地广阔富饶，用节俭的方式生活，便会永远平安；官高位尊而用卑微的方式自律，你便更显尊贵；兵多人众而用畏怯的心理坚守，你就必然胜利；聪明睿智而用愚陋的态度处世，你将获益良多；博闻强记而用

肤浅自谦，你将见识更广。上任去吧，不要因为鲁国的条件优越而
对士骄傲啊！

**▎家风故事▎**

### 中国第一部家训的故事

"人必有家，家必有训"。家训，又称家诫、家范、家规等，是
指家庭或家族中长辈对子孙的训示。从先秦到明清，中国古代流传
下来的家训很大一部分是长辈教育子孙如何修身做人、立身处世、
为官从政等的垂诫。在中华家训发展历史上，周公所作的《诫伯禽
书》具有极其特殊的地位，被誉为是"中国第一部家训"。周公，
姓姬名旦，是周文王第四子，武王的弟弟，曾两次辅佐周武王东伐
纣王，并制作礼乐。因其采邑在周，爵为上公，故称周公。周公是
西周初期杰出的政治家、军事家、思想家、教育家，被尊为"元圣"
和儒学先驱。周公一生的功绩被《尚书·大传》概括为："一年救乱，
二年克殷，三年践奄，四年建侯卫，五年营成周，六年制礼乐，七
年致政成王。"周公对儿子的谆谆教诲，可谓良苦用心中，集中体
现在《诫伯禽书》。伯禽也没有辜负父亲的期望，没过几年就把鲁
国治理成民风淳朴、务本重农、崇教敬学的礼仪之邦。

**▎现代启示▎**

在中国历史的群贤谱上，有很多名门望族都有自己的家风家
训。譬如"有德者皆由俭来也，俭以立名，侈以自败"是北宋大政
治家司马光的家风；"勤奋、俭朴、求学、务实"是晚清重臣曾国
藩的家训家风；"做官不许发财"是抗日民族英雄、爱国将领吉鸿
昌的家风。家风正，则作风优；家风正，则党风清；家风正，则政
风淳。治国先齐家，领导干部只有首先正身齐家，教好子女、管好

家人，才能一心在公，用好权力、干好事业。然而，有的领导干部却不能摆正"修身齐家治国平天下"的内在关系。一些落马的官员不仅没能"正身律己"，没有守住公权的边界，反而溺爱子女、纵容家人，任其将职权当特权，拿公权换私利，最终导致身败名裂、跌入深渊。为官从政，必先"正好家风、管好家人"。中国士子历来讲求修身齐家治国平天下，修身齐家是基础，而正家风就是其中很重要的一环。"积善之家，必有余庆；积不善之家，必有余殃。"对于党员干部而言，家风与作风党风紧密相连，家风建设是党员干部的必修课。每一位领导干部都要把家风建设摆在重要位置，做到廉洁修身、廉洁齐家，传承优良品格，涵养清正家风。

## 2.《尚书·大禹谟》：克勤于邦，克俭于家

**｜典故出处｜**

### 《尚书·大禹谟》

帝曰："俾予从欲以治，四方风动，惟乃之休。"帝曰："来，禹！降水儆予，成允成功，惟汝贤；克勤于邦，克俭于家，不自满假，惟汝贤。汝惟不矜，天下莫与汝争能；汝惟不伐，天下莫与汝争功。予懋乃德，嘉乃丕绩。天之历数在汝躬，汝终陟元后。人心惟危，道心惟微，惟精惟一，允执厥中。无稽之言勿听，弗询之谋勿庸。可爱非君？可畏非民？众非元后何戴？后非众罔与守邦。钦哉！慎乃有位，敬修其可愿。四海困穷，天禄永终。惟口出好兴戎，朕言不再。"禹曰："枚卜功臣，惟吉之从。"帝曰："禹！官占，惟先蔽志，昆命于元龟。朕志先定，询谋佥同，鬼神其依，龟筮协从，卜不习吉。"禹拜稽首，固辞。帝曰："毋！惟汝谐。"正月朔旦，受命于神宗，率百官若帝之初。

**｜译文｜**

舜帝说："使我依从人民的意愿来治理，四方人民群起响应是您的美德。"舜帝说："来，禹！洪水警诫我们的时候，实现政教的信诺，完成治水的工作，只有你贤；能勤劳于国，能节俭于家，不自满自大，只有你贤。你不自以为贤，所以天下没有人与你争能；你不夸功，所以天下没有人与你争功。我赞美你的德行，嘉许你的大功。上天的大命落到你的身上了，你终当升为大君。人心危险，

道心精微，要精研要专一，又要诚实保持着中道。没有考证的话不要听，没有征询意见的谋划不要用。人民爱戴的不是君主吗？君王畏惧的不是人民吗？众人没有大君，他们拥护什么？君主除非众人，没有跟他守国的人。要恭敬啊！慎重对待你的大位，敬行人民期望的事。如果四海人民困穷，天的福禄就将永远终止了。虽然口能说好说坏，但是我的话不再改变了。"禹说："请逐个卜问有功的大臣，然后听从吉卜吧！"舜帝说："禹！官占的办法，先定志向，而后告于大龟。我的志向先已定了，询问商量的意见都相同，鬼神依顺，龟筮也协和依从，况且卜筮的办法不须重复出现吉兆。"禹跪拜叩首，再三辞。舜帝说："不要推辞！只有你合适啊！"正月初一早晨，禹在尧庙接受舜帝的任命，像舜帝受命之时那样统率着百官恭行禅让大礼。

## 家风故事

### 习仲勋勤俭持家的故事

习仲勋同志是陕甘边区革命根据地的主要创建者和领导者之一，新中国成立后，曾任中央政治局委员、书记处书记，国务院副总理，全国人民代表大会常务委员会副委员长等重要职务。身为党的高级干部，习仲勋特别注重勤俭持家，把节俭朴素、力戒奢靡作为传家宝，严格要求家庭成员和身边工作人员，注重培养孩子养成从小节俭的生活习惯。习仲勋一生节俭，他常给孩子们讲"谁知盘中餐，粒粒皆辛苦"的道理，米粒掉在饭桌上也要捡起来吃掉，菜碟上剩的菜汁也要用馒头擦干净吃掉，使孩子们养成不浪费一粒粮食的习惯。孩子们的衣服鞋袜，大都是大的穿完了，小的接着穿。习仲勋也不让孩子乱花钱，孩子们除了在学校的伙食费和乘公交车的钱之外，没有额外零花钱，孩子们吃了冰棍，就没钱坐公交车，只能步行回去。

## ▎现代启示 ▎

国廉则安，家俭则宁；俭节则昌，淫佚则亡。今天，对于领导干部来说，勤俭廉洁仍是为官从政的最低要求和道德底线。勤俭节约所要求的清静寡欲、淡泊节制，可以消解和克制人内心的贪婪和欲望，有效防止权力的腐败滥用和官吏的贪污腐化，实现廉洁自律的内在要求。在这个意义上，勤俭节约不仅是敦风化俗的重要手段，也是防腐倡廉的重要途径。

对个人来说，德为立身之本，俭为养德之道。奢靡享乐则是欲望膨胀的开始，是走向腐化堕落的第一步。一旦迈开这一步，就会利欲熏心，最后欲壑难填而自取灭亡。历史上，富甲天下的邓通饿死街头，富可敌国的石崇收监问斩，贪恋专权的刘瑾招致凌迟，国之巨贪的和珅狱中自缢……这些生前锦衣玉食、不可一世之人，最后结局无一不是财尽人亡、身死名灭。对国家来说，勤俭节约是立国之本，也是治国之道。俭可以养廉，廉可以治国。即使是处在繁荣盛世的贞观之治时期，魏征仍不断谏劝唐太宗要"居安思危，戒奢以俭"。历史表明，勤俭和廉洁如同一对孪生兄弟，克勤克俭往往能实现国家的长治久安。习近平总书记曾多次指出，各级领导干部要带头抓好家风，教育亲属子女树立遵纪守法、艰苦朴素、自食其力的良好观念。领导干部位高权重，必须警诫为先、身正为旗，防微杜渐、守住小节。因为，只有守住小节才能成就大义，只有防微杜渐才能百毒不侵。

## 3.《左传·隐公元年》：多行不义必自毙

### 典故出处

## 春秋·左丘明《左传·隐公元年》

初，郑武公娶于申，曰武姜，生庄公及共叔段。庄公寤生，惊姜氏，故名曰寤生，遂恶之。爱共叔段，欲立之。亟请于武公，公弗许。

及庄公即位，为之请制。公曰："制，岩邑也，虢叔死焉。佗邑唯命。"请京，使居之，谓之京城大叔。祭仲曰："都城过百雉，国之害也。先王之制：大都不过参国之一，中五之一，小九之一。今京不度，非制也，君将不堪。"公曰："姜氏欲之，焉辟害？"对曰："姜氏何厌之有！不如早为之所，无使滋蔓，蔓难图也。蔓草犹不可除，况君之宠弟乎！"公曰："多行不义，必自毙，子姑待之。"

既而大叔命西鄙北鄙贰于己。公子吕曰："国不堪贰，君将若之何？欲与大叔，臣请事之；若弗与，则请除之。无生民心。"公曰："无庸，将自及。"大叔又收贰以为己邑，至于廪延。子封曰："可矣，厚将得众。"公曰："不义，不昵，厚将崩。"

大叔完聚，缮甲兵，具卒乘，将袭郑。夫人将启之。公闻其期，曰："可矣！"命子封帅车二百乘以伐京。京叛大叔段，段入于鄢，公伐诸鄢。五月辛丑，大叔出奔共。

书曰："郑伯克段于鄢。"段不弟，故不言弟；如二君，故曰克；称郑伯，讥失教也；谓之郑志。不言出奔，难之也。

遂寘姜氏于城颍，而誓之曰："不及黄泉，无相见也。"既而悔之。

颍考叔为颍谷封人，闻之，有献于公，公赐之食，食舍肉。公问之，对曰："小人有母，皆尝小人之食矣，未尝君之羹，请以遗之。"公曰："尔有母遗，繄我独无！"颍考叔曰："敢问何谓也？"公语之故，且告之悔。对曰："君何患焉？若阙地及泉，隧而相见，其谁曰不然？"公从之。公入而赋："大隧之中，其乐也融融！"姜出而赋："大隧之外，其乐也洩洩。"遂为母子如初。

君子曰："颍考叔，纯孝也，爱其母，施及庄公。《诗》曰：'孝子不匮，永锡尔类。'其是之谓乎！"

## 译文

从前，郑武公在申国娶了一个妻子，叫武姜，她生下庄公和共叔段。庄公出生时脚先出来，武姜受到惊吓，因此给他取名叫"寤生"，所以很厌恶他。武姜偏爱共叔段，想立共叔段为世子，多次向武公请求，武公都不答应。

到庄公即位的时候，武姜就替共叔段请求分封到制邑去。庄公说："制邑是个险要的地方，从前虢叔就死在那里，若是封给其他城邑，我都可以照吩咐办。"武姜便请求封给太叔京邑，庄公答应了，让他住在那里，称他为京城太叔。大夫祭仲说："分封的都城如果城墙超过三百方丈长，那就会成为国家的祸害。先王的制度规定，国内最大的城邑不能超过国都的三分之一，中等的不得超过它的五分之一，小的不能超过它的九分之一。京邑的城墙不合法度，非法制所许，恐怕对您有所不利。"庄公说："姜氏想要这样，我怎能躲开这种祸害呢？"祭仲回答说："姜氏哪有满足的时候！不如及早处置，别让祸根滋长蔓延，一滋长蔓延就难办了。蔓延开来的野草还不能铲除干净，何况是您受宠爱的弟弟呢？"庄公说："多做不义的事情，必定会自己垮台，你姑且等着瞧吧。"

过了不久，太叔段使原来属于郑国的西边和北边的边邑也背叛归为自己。公子吕说:"国家不能有两个国君,现在您打算怎么办?您如果打算把郑国交给太叔,那么我就去服侍他;如果不给,那么就请除掉他,不要使百姓们产生疑虑。"庄公说:"不用除掉他,他自己将要遭到灾祸的。"太叔又把两属的边邑改为自己统辖的地方,一直扩展到廪延。公子吕说:"可以行动了!土地扩大了,他将得到老百姓的拥护。"庄公说:"对君主不义,对兄长不亲,土地虽然扩大了,他也会垮台的。"

太叔修治城郭,聚集百姓,修整盔甲武器,准备好兵马战车,将要偷袭郑国。武姜打算开城门做内应。庄公打听到公叔段偷袭的时候,说:"可以出击了!"命令子封率领车二百乘,去讨伐京邑。京邑的人民背叛共叔段,共叔段于是逃到鄢城。庄公又追到鄢城讨伐他。五月二十三日,太叔段逃到共国。

《春秋》记载道:"郑伯克段于鄢。"意思是说共叔段不遵守做弟弟的本分,所以不说他是庄公的弟弟;兄弟俩如同两个国君一样争斗,所以用"克"字;称庄公为"郑伯",是讥讽他对弟弟失教;赶走共叔段是出于郑庄公的本意,不写共叔段自动出奔,是史官下笔有为难之处。

庄公就把武姜安置在城颍,并且发誓说:"不到黄泉(不到死后埋在地下),不再见面!"过了些时候,庄公又后悔了。有个叫颍考叔的,是颍谷管理疆界的官吏,听到这件事,就把贡品献给郑庄公。庄公赐给他饭食。颍考叔在吃饭的时候,把肉留着。庄公问他为什么这样。颍考叔答道:"小人有个老娘,我吃的东西她都尝过,只是从未尝过君王的肉羹,请让我带回去送给她吃。"庄公说:"你有个老娘可以孝敬,唉,唯独我就没有!"颍考叔说:"请问您这是什么意思?"庄公把原因告诉了他,还告诉他后悔的心情。颍考叔答道:"您有什么担心的!只要挖一条地道,挖出了泉水,从地道中相见,谁还说您违背了誓言呢?"庄公依了他的话。庄公走进地道去见武姜，赋诗道："大隧之中相见啊，多么和乐相得啊！"武姜走出地道，赋诗道："大隧之外相见啊，多么舒畅快乐啊！"从此，他们恢复了从前的母子关系。

君子说："颍考叔是位真正的孝子，他不仅孝顺自己的母亲，而且把这种孝心推广到郑伯身上。《诗经·大雅·既醉》篇说：'孝子不断地推行孝道，永远能感化你的同类。'大概就是对颍考叔这类纯孝而说的吧？"

## 家风故事

### 石碏谏宠州吁事件："宠必骄，骄必邪，邪必乱"

公元前 719 年，州吁弑杀了卫桓公而自立，史称卫前废公。州吁是春秋时期卫国的第十四位君主，父亲是卫庄公，而被他杀死的卫桓公就是他的异母哥哥。州吁的母亲是卫庄公的一个宠妃，等到州吁生下来以后，卫庄公因爱屋及乌也对州吁特别宠爱，什么事都会顺着他。就是在这种环境下，州吁从小是要风得风要雨得雨，也因此养成了骄傲蛮横的性格。等到州吁长大成人，就特别喜欢舞棒弄枪，喜欢研究军事。对于州吁的这个爱好，卫庄公不但不加以阻止，反而让他带兵打仗。于是卫国的大夫石碏就上奏卫庄公说：庶子喜欢军事，并且你现在让他带兵打仗，那么以后会引起国家祸乱的。并且动之以情晓之以理劝说卫庄公不要那么宠爱自己的庶子。这就是历史上出名的"石碏谏宠州吁"。可是卫庄公完全听不进去，依旧顺着州吁，让他做他喜欢做的事。

到了公元前 735 年，卫庄公去世，州吁的哥哥也就是卫桓公即位。州吁在他爹活着的时候就骄横奢侈，即使卫桓公在位他依然我行我素，没有任何改变。所以到了卫桓公二年，卫桓公因弟弟州吁骄横奢侈，于是罢免了州吁的职务，州吁便出国逃亡。公元前

719 年，州吁联合了一批逃亡在外的卫国人，利用他们对卫桓公的仇恨，袭击杀害了卫桓公，州吁就自立成了卫国的君王。

州吁刚即位不但不勤理朝政，爱护子民。反而喜欢打仗，所以慢慢地就失去了人心，卫国人也慢慢地不再拥护他。于是石碏就和他的儿子石厚联合用计将州吁杀死。州吁一生所做的事以及最终的结局看似是州吁性格不仁不义的原因，但是最根本的原因还是卫庄公对他的溺爱，如果当初卫庄公听从石碏的劝告，好好管教州吁，将他向正路上引导，也就不会出现后来以臣弑君和自己被杀的结局。

## 现代启示

溺爱就是非理性的过度宠爱、迁就、姑息孩子的态度，溺爱培养下的孩子缺少独立性，容易造成悲剧。自古以来就有"慈母败子"的说法。所谓"慈母"指的是一种过分的母爱，也就是溺爱。古人云："虽曰爱之，其实害之；虽曰爱之，其实仇之。"这是对"溺爱"一词最好的注解。韩非子有言：人之情性莫爱于父母，皆见爱而未必治也。这是说人与人之间的感情没有比得上父母爱子女之情的。但是只有爱，不见得就能教育出好孩子来。"爱"与"溺爱"，一字之差，实际上它们的区别就在于，用理性的方式去爱是真正的爱，而完全用情感的爱去爱就是溺爱。用理性去爱，那么你就应该知道如何去正确地实现你的爱，如果仅仅用情感去爱，那么你就只能在溺爱中迷失方向。在现实生活中，许多父母为子女考虑无微不至，这是一种深深的爱，这种真诚的爱本身是无可非议的。但是，这种爱一旦过分就成了溺爱，这种溺爱实际上成了子女成长道路上的温柔的陷阱。如果不以法规约束家人，而以亲情代替纪律，以宽容代替关爱，对子女亲属百般溺爱，毫无原则，搞"一人得道，鸡犬升天"，结果既害了自己、也毁了家人。

## 4.《左传·襄公二十四年》：太上有立德，其次有立功，其次有立言

**典故出处**

### 《左传·襄公二十四年》

二十四年春，穆叔如晋。范宣子逆之，问焉，曰："古人有言曰：'死而不朽'，何谓也？"穆叔未对。宣子曰："昔匄之祖，自虞以上为陶唐氏，在夏为御龙氏，在商为豕韦氏，在周为唐杜氏，晋主夏盟为范氏，其是之谓乎？"穆叔曰："以豹所闻，此之谓世禄，非不朽也。鲁有先大夫曰臧文仲，既没，其言立，其是之谓乎！豹闻之，'太上有立德，其次有立功，其次有立言'，虽久不废，此之谓不朽。若夫保姓受氏，以守宗祊，世不绝祀，无国无之，禄之大者，不可谓不朽。"

**译文**

二十四年春季，穆叔到了晋国，范宣子迎接他，询问他说："古人有话说，'死而不朽'，这是说的什么？"穆叔没有回答。范宣子说："从前匄的祖先，从虞舜以上是陶唐氏，在夏朝是御龙氏，在商朝是豕韦氏，在周朝是唐杜氏，晋国主持中原的盟会的时候是范氏，恐怕所说的不朽就是这个吧！"穆叔说："据豹所听到的，这叫作世禄，不是不朽。鲁国有一位先大夫叫臧文仲，死了以后，他的话世代不废，所谓不朽，说的就是这个吧！豹听说：'最高的是树立德行，其次是树立功业，再其次是树立言论。'能做到这样，

虽然死了也久久不会废弃，这叫作不朽。像这样保存姓、接受氏，用业守住宗庙，世世代代不断绝祭祀。没有一个国家没有这种情况。这只是官禄中的大的，不能说是不朽。"

## 家风故事

### 中国历史上"三个半圣人"

在中国传统文化中，知识分子的人生理想是可以实现"不朽"，即"立德，立功，立言"，从而达到"流芳千古"的人生目标。在中国历史发展中，孔子、王守仁、诸葛亮和曾国藩都因其立德立功立言方面的丰功伟绩而名垂青史，被誉为是中国历史上"三个半圣人"。

孔子（前551—前479年），子姓，孔氏，名丘，字仲尼，春秋末期鲁国陬邑（今山东曲阜）人，中国古代思想家、教育家，儒家学派创始人。孔子在中国有着极高的地位，同时还是世界公认四大圣人之一。孔子是当时社会上最博学者之一，去世后，其弟子及再传弟子把孔子及其弟子的言行语录和思想记录下来，整理编成《论语》。该书被奉为儒家经典。

诸葛亮（181—234年），字孔明，号卧龙，三国时期蜀汉丞相，杰出的政治家、军事家、文学家、书法家、发明家。诸葛亮散文代表作有《出师表》《诫子书》等。曾发明木牛流马、孔明灯等，并改造连弩，叫作诸葛连弩，可一弩十矢俱发。诸葛亮一生"鞠躬尽瘁，死而后已"，是中国传统文化中忠臣与智者的代表人物。

王守仁（1472—1529年），字伯安，别号阳明，明代著名的思想家、哲学家、书法家兼军事家、教育家。王守仁（心学集大成者）与孔子（儒学创始人）、孟子（儒学集大成者）、朱熹（理学集大成者）并称为孔、孟、朱、王。其学术思想传至日本、朝鲜半岛以及东南亚，集立德、立功、立言于一身，成就冠绝有明一代。

曾国藩（1811—1872年），初名子城，字伯涵，号涤生，"宗圣"曾子七十世孙。中国近代政治家、战略家、理学家、文学家、书法家，湘军的创立者和统帅。曾国藩对清王朝的政治、军事、文化、经济等方面都产生了深远的影响，但相对于其他的圣人来说，他在很多方面都是有所差距的，所以称他为"半圣"。

## 现代启示

三不朽，指立德、立功、立言。唐人孔颖达在《春秋左传正义》中对立德、立功、立言三者分别做了界定："立德谓创制垂法，博施济众"；"立功谓拯厄除难，功济于时"；"立言谓言得其要，理足可传"。在后人对"三不朽"的解读中，"立德"系指道德操守而言，"立功"乃指事功业绩，而"立言"指的是把真知灼见形诸语言文字，著书立说，传于后世。当然，无论"立德""立功"还是"立言"，其实都旨在追求某种"身后之名""不朽之名"。而对身后不朽之名的追求，正是古圣先贤超越个体生命而追求永生不朽、超越物质欲求而追求精神满足的独特形式。正如孔子所说："君子疾没世而名不称焉。"

古人立德立功立言的"三不朽"思想，对于今天的我们仍然具有重要的指导意义。做人，树立德行为第一要义，其次要勇于建功立业，最后是著书立说，潜心学习，用自身的心得来教导他人。首先，"百行以德为首"。古人讲"做官先做人，做人先立德；德乃官之本，为官先修德""修其心治其身，而后可以为政于天下"，讲的就是这个道理。领导干部手握国家权力，背负人民期望，必须有高尚的道德追求和崇高的价值理想，不仅要以高于普通群众的道德标准来要求自己，更要用自己的模范行为和高尚人格感召群众，引领社会风尚，努力以道德的力量去赢得人心，凝聚力量，为事业发展和个人价值实现奠定坚实的人格基础。其次，不要立志做大官，要立志做大事，做有益人民、有益社会的大事，为人民立功，为社会做贡献。要树立以人民为中心的发展理念，着力解决群众的操心事、烦恼事，以为民谋利、为民尽责的实际成效取信于民，在岗位上多做实事，多做有益人民、有益社会的事。最后，"立身百行，以学为基。"学习是提高素质、增长才干的重要途径，也是做好工作、干好事业的重要基础。重视和善于学习，是我们党在长期实践中形成的优良传统，也是党的一大政治优势。面对新形势新任务新要求，我们必须以更广博的知识、更过硬的能力为推进工作高质量发展积蓄力量、提供动力，自觉把学习当作一种责任、一种要求，以锲而不舍的精神来认真学习、潜心研究，自觉在发现和解决问题中增长知识、锻炼才干，以本领的提高推动事业的发展。

## 5.《国语·鲁语下》：夫民劳则思，思则善心生

**典故出处**

### 春秋·左丘明《国语·鲁语下》

公父文伯退朝，朝其母，其母方绩，文伯曰："以歜之家而主犹绩，惧干季孙之怒也。其以歜为不能事主乎？"其母叹曰："鲁其亡乎？使僮子备官而未之闻耶？居，吾语女。昔圣王之处民也，择瘠土而处之，劳其民而用之，故长王天下。夫民劳则思，思则善心生；逸则淫，淫则忘善，忘善则恶心生。沃土之民不材，淫也。瘠土之民莫不向义，劳也。是故天子大采朝日，与三公九卿，祖识地德，日中考政，与百官之政事。师尹惟旅牧相，宣序民事。少采夕月，与太史司载纠虔天刑。日入，监九御，使洁奉禘、郊之粢盛，而后即安。诸侯朝修天子之业命，昼考其国职，夕省其典刑，夜儆百工，使无慆淫，而后即安。卿大夫朝考其职，昼讲其庶政，夕序其业，夜庀其家事，而后即安。士朝受业，昼而讲贯，夕而习复，夜而计过，无憾，而后即安。自庶人以下，明而动，晦而休，无日以怠。王后亲织玄紞，公侯之夫人，加之纮、綖。卿之内子为大带，命妇成祭服。列士之妻，加之以朝服。自庶士以下，皆衣其夫。社而赋事，烝而献功，男女效绩，愆则有辟。古之制也！君子劳心，小人劳力，先王之训也！自上以下，谁敢淫心舍力？今我寡也，尔又在下位，朝夕处事，犹恐忘先人之业。况有怠惰，其何以避辟？吾冀而朝夕修我，曰：'必无废先人。'尔今曰：'胡不自安？'以是承君之官，余惧穆伯之绝祀也？"

仲尼闻之曰："弟子志之，季氏之妇不淫矣！"

## ｜译文｜

公父文伯退朝之后，去看望他的母亲，他的母亲正在纺线，文伯说："像我公父歜这样的人家还要母亲亲自纺线，这恐怕会让季孙恼怒。他会觉得我公父歜不愿意孝敬母亲吧？"他的母亲叹了一口气说："鲁国要灭亡了吧？让你这样的顽童充数做官却不把做官之道讲给你听？坐下来，我讲给你听。过去圣贤的国王为老百姓安置居所，选择贫瘠之地让百姓定居下来，使百姓劳作，发挥他们的才能，因此（君主）就能够长久地统治天下。老百姓要劳作才会思考，要思考才能（找到）改善生活（的好办法）；闲散安逸会导致人们过度享乐，人们过度享乐就会忘记美好的品行，忘记美好的品行就会产生邪念。居住在沃土之地的百姓不成材，是因为过度享乐啊。居住在贫瘠土地上的百姓，没有不讲道义的，是因为他们勤劳啊。因此天子穿着五彩花纹的衣服隆重地祭祀太阳，让三公九卿熟习知悉农业生产，中午考察政务，交代百官要做的事务。京都县邑各级官员在牧、相的领导下安排事务，使百姓得到治理。天子穿着三彩花纹的衣服祭祀月亮，和太史、司载详细记录天象；日落便督促嫔妃们，让她们清洁并准备好禘祭、郊祭的各种谷物及器皿，然后才休息。诸侯们清早听取天子布置事务和训导，白天完成他们所负责的日常政务，傍晚反复检查有关典章和法规，夜晚警告众官，告诫他们不要过度享乐，然后才休息。卿大夫清早统筹安排政务，白天与属僚商量处理政务，傍晚梳理一遍当天的事务，夜晚处理他的家事，然后才休息。贵族青年清早接受早课，白天讲习所学知识，傍晚复习，夜晚反省自己有无过错直到没有什么不满意的地方，然后才休息。从平民以下，日出而作，日落而息，没有一天懈怠的。王后亲自编织冠冕上用来系瑱的黑色丝带，公侯的夫人还要编织系于颌下的帽带以及覆盖帽子的装饰品，卿的妻子做腰带，所有贵妇人都要亲自做祭祀服装。各种士人的妻子，还要做朝服。普通百姓，都要给丈夫做衣服穿。春分之后祭祀土地接着开始耕种，冬季祭祀时献上谷物和牲畜，男女（都在冬祭上）展示自己的劳动成果（事功），有过失就要避开不能参加祭祀。这是上古传下来的制度！君王操心，小人出力，这是先王的遗训啊。自上而下，谁敢挖空心思偷懒呢？如今我守了寡，你又做官，早晚做事，尚且担心丢弃了祖宗的基业。倘若懈怠懒惰，那怎么躲避得了罪责呢！我希望你早晚提醒我说：'一定不要废弃先人的传统。'你今天却说：'为什么不自己图安逸啊？'以你这样的态度承担君王的官职，我恐怕你父亲穆伯要绝后了啊。"

仲尼听说这件事后说："弟子们记住，季家的老夫人不图安逸！"

## 家风故事

### 胡寿安"青菜知县"的故事

明代的胡寿安任新繁知县时不但公正廉明、爱民如身，还抽空在后院的空地种蔬菜，补贴家用，招待客人，百姓感其清廉，称他为"青菜知县"。胡寿安平日居家穿粗布衣，吃糙米饭，睡纸蚊帐，在简朴的生活中获得一种别样的愉悦，他为自己用的纸蚊帐写了一首诗："紫丝步障最奢华，卧雪眠云自一家。雪又不寒云又暖，扶持清梦到梅花。"胡寿安在信阳做官，任满离任时行囊空空一担轻，百姓相送"如悲亲戚"，他题诗致谢道："一官来此几经春，不愧苍天不负民。神道有灵应识我，去时还似来时贫。"

## 现代启示

鲁国大夫公父文伯回家后，见母亲敬姜夫人正在纺麻，就劝她不要这么做，认为这样有失身份。敬姜夫人驳斥了儿子的说法，告诫他不要贪图安逸，还指出：一个国家，上至君臣，下到百姓，都应该勤劳工作，这样才能维持国家的长治久安。这篇文章揭示的道理，跟孟子的"生于忧患，死于安乐"颇为相似，其忧劳治国的思想，对欧阳修等史官的影响很大。敬姜认为勤劳的好处多多，每一个人都要勤劳，并且要做到"朝乾夕惕，兢兢业业"。敬姜的一番长论，是希望自己做官的儿子忠于职守，做好本职工作的同时，一定要谨记勤俭节约，不要贪图安逸。她认为贪图安逸会触发人们内心的贪欲，贪欲最终会葬送儿子的前程乃至生命。勤勉敬业是中华民族的传统美德。"业精于勤""天道酬勤"，这些脍炙人口、广为流传的格言，饱含着人们对勤勉敬业者的肯定和赞美之情。勤勉敬业，不仅体现了一个人良好的素质和修养，而且反映出其对工作、生活和自身价值的根本态度。勤劳的双手创造伟大的成就，忠诚的脚步走出幸福的人生，新时代新征程上，需要我们脚踏实地，砥砺前行，以钉钉子精神干好本职工作，用过硬本领展现新的作为，把全部心思和精力用在干事创业上，切实增强为党和人民的事业不懈奋斗的自觉性和坚定性，倾心本职岗位、注重工作实效，真正做到专心谋事、用心做事、一心成事，以出色的成绩向党和国家交上满意的答卷。

## 6.《道德经》：天下难事必作于易，天下大事必作于细

### 典故出处

#### 春秋·老子《道德经·第六十三章》

为无为，事无事，味无味。大小多少，报怨以德。图难于其易，为大于其细。天下难事，必作于易；天下大事，必作于细。是以圣人终不为大，故能成其大。夫轻诺必寡信，多易必多难。是以圣人犹难之，故终无难矣。

### 译文

以无为的态度去有所作为，以不滋事的方法去处理事务，以恬淡无味当作有味。大生于小，多起于少。处理问题要从容易的地方入手，实现远大要从细微的地方入手。天下的难事，一定从简易的地方做起；天下的大事，一定从微细的部分开端。因此，有道的圣人始终不贪图大贡献，所以才能做成大事。那些轻易发出诺言的，必定很少能够兑现的，把事情看得太容易，势必遭受很多困难。因此，有道的圣人总是看重困难，所以就终于没有困难了。

### 家风故事

#### 王溥"不受一衣之赠"的故事

明代官员王溥，洪武年间在担任广东参政时，胞弟从家乡前去

探望他，恰好与王溥的属官同船。属官为讨王溥欢心，送其弟一件布袍。王溥知道这件事后很不高兴，让弟弟将布袍送还原主，并说："一衣虽微，不可不慎，此污行辱身之渐也。"王溥任官多年，"笥无重衣，庖无兼馔"，深得百姓敬重。后来他蒙冤被捕，属官和百姓纷纷赠给他路费和礼物，他都谢绝不受，表示自己岂能因为患难而改变心志。后来朝廷查明王溥无罪，释放回乡。

## 现代启示

我们常说，细节决定成败，因此做好简单事、细小事就显得格外重要。而老子也早已提醒过人们：要想有所成就，就要做好细微的事情。任何大事都是从小事起步的，若没有从小事积累起来的经验，许多想法再好也难以实现。人的一生是由无数件小事和小细节串联而成的，看上去每一件小事都不是很重要，但说不定哪件小事就会在关键时刻改变整个大局。古人云，"堤溃蚁孔，气泄针芒"。意思是小小的蚂蚁窝，能够使堤岸溃决，针芒般大小的孔眼也能使气泄掉。这提醒人们，做人做事都要在祸患出现萌芽的时候着手处理，防患于未然；如果小事不注意，很可能前功尽弃，顷刻之间颠覆所有累积起来的成绩。避免小失误，就能减少大意外。小事成就大事，细节成就完美。危机往往是一个人在不经意间造成的，成功也是由许多细节累积而成的。当细节积累到一定程度，就能成就非凡的完美。细节问题虽然看起来很简单、很平凡，很多人因此不屑去做这些小事。但是很少有人想到，把平凡的事情做好了，就是不平凡；把简单的事情做好了，就是不简单。一点点积累，这样看起来虽然慢，但是扎实稳健，不走冤枉路，实际的速度并不比那些求速成的人来得慢。这就是老子反复告诫我们"天下难事，必作于易；天下大事，必作于细"的道理。

## 7.《礼记·大学》：家齐而后国治，国治而后天下平

**▎典故出处▎**

### 《礼记·大学》

古之欲明明德于天下者，先治其国。欲治其国者，先齐其家。欲齐其家者，先修其身。欲修其身者，先正其心。欲正其心者，先诚其意。欲诚其意者，先致其知；致知在格物。物格而后知至，知至而后意诚，意诚而后心正，心正而后身修，身修而后家齐，家齐而后国治，国治而后天下平。

**▎译文▎**

古代那些要想在天下弘扬光明正大品德的人，先要治理好自己的国家；要想治理好自己的国家，先要管理好自己的家庭和家族；要想管理好自己的家庭和家族，先要修养自身的品性；要想修养自身的品性，先要端正自己的心思；要想端正自己的心思，先要使自己的意念真诚；要想使自己的意念真诚，先要使自己获得知识；获得知识的途径在于认识、研究万事万物。通过对万事万物的认识，研究后才能获得知识；获得知识后意念才能真诚；意念真诚后心思才能端正；心思端正后才能修养品性；品性修养后才能管理好家庭和家族；管理好家庭和家族后才能治理好国家；治理好国家后天下才能太平。

## 司马光：践行"修齐治平"的典范

"格物""致知""诚意""正心""修身""齐家""治国""平天下"是《大学》中的"八目"，这"八目"是《大学》的核心思想，因为《大学》后面的章节都是在阐释如何通过"八目"的修行，而达到"内圣外王"的最高境界。内圣外王是古代修身为政的最高理想，谓内备圣人之至德，施之于外则为王者之政。达致"内圣外王"的修行境界是古人孜孜以求的梦想。北宋司马光堪称践行"修齐治平"的典范，《宋史》对他的评价是："光孝友忠信，恭俭正直，居处有法，动作有礼。"其德其功其言为百代万家立典范，是做官、做人与做事完美统一的典范。

在立德方面，司马光人品高雅，崇简戒奢，为政清廉，家风节俭，司马光把节俭作为家训传于后代，教导子孙莫忘勤俭。他知恩图报，勇于担责，对政敌也是客观公正，不落井下石，体现了他的人格魅力。他公开反对王安石变法，曾有人劝司马光弹劾王安石，他却一口回绝：王安石没有私心。而作为朋友，他又三次给王安石写信，劝告王安石不可"用心太过，自信太厚"，借此"以尽益友之忠"。1086 年 5 月，王安石去世。噩耗传到司马光耳中，他深为悲憾。他预感到王安石身后，可能会遭受世俗的鄙薄和小人的凌辱。他立即抱病作书，告诉右相吕公著："介甫文章节义，过人处甚多……不幸介甫谢世，反复之徒必诋毁百端，光意以谓朝廷宜优加厚礼，以振起浮薄之风。"朝廷根据司马光的建议，追赠王安石为太傅。

在立功方面，司马光秉性刚直，敢于直谏，心系百姓，勇于坚持原则，敢于弹劾、批评权臣，甚至触犯龙颜，宁死直谏，当庭与皇上争执，置个人安危于不顾。司马光除了关注皇帝修身、皇位继承、治国政纲等关系国家命运的大事外，同时也把注意力放到民众身上，他发出了关心百姓疾苦、减轻百姓负担的呼声。庆历四年（1044年），二十六岁的司马光服丧结束，签书武成军判官，不久又改宣德郎、将作监主簿，权知丰城县事。在短短的时间里，就取得"政声赫然，民称之"的政绩。

在立言方面，司马光脚踏实地，严谨治学，耗费19年的时间完成了《资治通鉴》。《资治通鉴》因司马光一人精心定稿，统一修辞，故文字优美，叙事生动，有相当高的文学价值，历来与《史记》并列为中国古代之史家绝笔。《资治通鉴》于叙事外，还选录了前人的史论97篇，又以"臣光曰"的形式，撰写了史论118篇，比较集中地反映了作者的政治和历史观点。司马光著述颇多。除了《资治通鉴》，还有《通鉴举要历》八十卷、《稽古录》二十卷、《本朝百官公卿表》六卷。此外，他在文学、经学、哲学乃至医学方面都进行过钻研和著述，主要代表作有《翰林诗草》《注古文学经》《易说》《注太玄经》《注扬子》《书仪》《游山行记》《续诗治》《医问》《涑水纪闻》《类篇》《司马文正公集》等。

司马光为人孝顺父母、友爱兄弟、忠于君王、取信于人，又恭敬、节俭、正直、温良谦恭、刚正不阿，是杰出的思想家和教育家。在历史上，司马光曾被奉为"儒家三圣"之一（其余两人是孔子、孟子），朝廷赠封司马光为太师、温国公，谥号"文正"。自唐朝以后，文官的最高谥号就是"文正"，这是所有读书人梦寐以求的殊荣。对于历朝历代的文官来说，宁愿不封爵，不拜相，只要能获得一个"文正"谥号，便死而无憾了。

### ▌现代启示▌

家是国家的最小细胞，也是个人安顿自己身体的一个基本单元。没有家，人将漂泊无依；没有家，国将变得不稳定，所以人们总是期望"家和万事兴"。因此，儒家把进退有序、长幼有序的"齐家"看成是一个人成年所必须经历的过程。走向社会的第一步就是在家族里边要言行规范，要能够齐家。人是个体的人，也是社会的人，他要参与一个群体，这个群体首先就是家，然后是国，而修养的实施、责任的践履也是由"齐家"到"治国"逐步深入的。孟子尝言，"达则兼济天下，穷则独善其身"，顾炎武曾说，"天下兴亡，匹夫有责"，正说明天下的事、国家的事和个人的事有着密切关联，这就是儒家思想的基本观点。如果国将不国，家何为，人何在？在这个意义上，家国与个人的关系是紧密相连的。人必须从自身做起，努力提高自身的道德修养和素质，才能以身作则、言出令行，最终达致治国平天下的理想境界。

## 8.孔子庭训：不学礼，无以立

**▌典故出处▌**

### 《论语·季氏》

陈亢问于伯鱼曰："子亦有异闻乎？"对曰："未也。尝独立，鲤趋而过庭。曰：'学《诗》乎？'对曰：'未也。''不学《诗》，无以言。'鲤退而学《诗》。他日，又独立，鲤趋而过庭。曰：'学《礼》乎？'对曰：'未也。''不学《礼》，无以立。'鲤退而学《礼》，闻斯二者。"

陈亢退而喜曰："问一得三，闻《诗》，闻《礼》，又闻君子之远其子也。"

**▌译文▌**

陈亢问孔子的儿子伯鱼："你在老师（孔子）那里听到过与我们不同的教诲吗？"伯鱼答道："没有。曾经有一次他一个人站在庭堂中，我快步地走过堂前。他便问我：'学《诗》没有？'我说：'没有。'他说：'不学《诗》，便不善于说话。'于是我退回去后就开始学《诗》。过了一些时间，他又一个人站在庭堂中，我快步走过堂前，他便问我：'学过《礼》了吗？'我说：'没有。'他道：'不学《礼》，无法立身于社会。'我退回来以后就学《礼》。就只听到这两件事。"

陈亢听了以后非常高兴地说："问一件事知道了三件事：听到学《诗》的重要，学《礼》的重要；还知道了君子对待自己的儿子并不特别亲近。"

## 孔氏后人秉承祖训、好礼尚德的故事

孔氏后人奉祀先祖，为政以德，由此造就了"不愧良吏"的官之典范。比如，孔子10世孙孔蕨，14世孙孔光，40世孙孔纬，45世孙孔道辅，等等，都在当时作出了突出贡献。孔子第53世孙孔治为官时，就有"孝友仁厚，公谨廉明"的美誉。孔子第57世孙孔讷"为人严谨，天性仁孝"，乐善好施，对无力婚葬的乡邻，时常解囊相助。明崇祯十三年（1640年），山东发生灾荒，孔子64世孙孔胤植奏请免除粮税，并出钱物救济灾民，先后救活"数千人"。

不单是衍圣公遵循祖训，好礼尚德，孔门第67世孙孔毓珣也在《孔氏祖训箴规》的教化下为官一任，造福一方，成为一代良吏。他在为官期间，根据当地风俗施政，去除社会弊端，边境居民得以安宁生活。迁任湖广上荆南道，筑堤捍江，民称之"孔公堤"。升广西总督，对官府控制的储备粮仓进行调查核实，并且春耕时期借粮给老百姓，秋收时期收回，年成好的时候，加收利息，年成不好的时候，免除利息，荒年几乎没有收成的时候，允许次年偿还本钱。正是由于历代孔氏后人秉承祖训、好礼尚德，雍正帝召见孔子第70世孙孔广棨时不由感慨道："至圣先师后裔当存圣贤之心，行圣贤之事，一切秉礼守义，以骄奢为戒。"礼乐传家久，诗书继世长。孔子的诗礼庭训、孔氏的祖训箴规并未从历史长河中消逝远去，而是早已内化于亿万国人的血脉之中，成为中华民族的精神品性的重要体现。

礼，本义是举行仪礼，祭神求福，也指由于道德观念和风俗习惯而形成的仪节。西周初年，周公制礼，为社会运转订立了严密的人伦制度和行为规范。"礼制"由此传扬千年，成就了我国"礼仪之邦"的美名。孔子提出学礼，将"礼"的学习视为做人的"必修课程"，以此强调礼制学习的重要。

在中国古代，礼是社会的典章制度和道德规范，是国家体系和社会秩序中极其重要的组成部分。礼既是中国古代法律的渊源之一，也是古代法律的重要组成部分。外礼内法，礼法结合，是中国古代法制文化的最主要特征。礼定贵贱尊卑，法定是非曲直，礼不仅是维护国家社会秩序的礼节仪式，还是调节人们基本行为的社会规范，小到衣食住行，大到等级尊卑，社会生活的方方面面都需要礼来规范。

对于个人来说，礼是我们日常生活中待人接物的"礼貌"，是人际交往中约定俗成的文明规范，展现着一个人的思想道德、文化素质。对于政府来说，"礼制"中蕴含的循规蹈矩、遵规守矩理念，是现代法治政府理念的文化渊源，是政府依据法律法规开展工作的思想来源。对于国家来说，礼是在与国外沟通交往中塑造形象的"礼节"，是展现礼貌的形式。"各美其美，美人之美，美美与共，天下大同。"只有遵守他国礼节文化，形成和谐和平的国际关系，才能促进国家根基稳固、兴旺昌盛。

## 9.《孔子家语》：君子必慎其所处者焉

典故出处

### 《孔子家语·六本》

孔子曰："吾死之后，则商也日益，赐也日损。"曾子曰："何谓也？"子曰："商也好与贤己者处，赐也好说不若己者。不知其子，视其父；不知其人，视其友；不知其君，视其所使；不识其地，视其草木。故曰与善人居，如入芝兰之室，久而不闻其香，即与之化矣；与不善人居，如入鲍鱼之肆，久而不闻其臭，亦与之化矣。丹之所藏者赤，漆之所藏者黑。是以君子必慎其所处者焉。"

译文

孔子说："我死之后，子夏会比以前更有进步，而子贡会比以前有所退步。"曾子问："为什么呢？"孔子说："子夏喜爱同比自己贤明的人在一起，子贡喜欢同才质比不上自己的人相处。不了解孩子如何，看看孩子的父亲就知道了，不了解本人，看他周围的朋友就可以了，不了解主子，看他派遣的使者就可以了，不了解本地的情况，看本地的草木就可以了。所以常和品行高尚的人在一起，就像沐浴在种植芝兰散满香气的屋子里一样，时间长了便闻不到香味，但本身已经充满香气了；和品行低劣的人在一起，就像到了卖鲍鱼的地方，时间长了也闻不到臭了，也是融入到环境里了；藏丹的地方时间长了会变红，藏漆的地方时间长了会变黑，也是环境影响使然啊！所以说真正的君子必须谨慎地选择自己处身的环境。"

**┃家风故事┃**

### 唐朝的牛李党争

牛李党争，通常是指唐代统治后期的 9 世纪前半期以牛僧孺、李宗闵等为领袖的牛党与以李德裕、郑覃等为领袖的李党之间的争斗。斗争从唐宪宗时期开始，到唐宣宗时期才结束，持续时间将近 40 年，唐武宗时，李党达到鼎盛，牛党纷纷被罢免；唐宣宗的前期，李党纷纷被贬谪到地方为官。最终以牛党苟延残喘、李党离开中央而结束。以致唐文宗有"去河北贼易，去朝中朋党难"之叹。牛李党争是唐朝末年宦官专权、唐朝腐败衰落的集中表现，加深了唐朝后期的统治危机。

**┃现代启示┃**

环境改变心境，圈子改变命运。外部周边环境对一个人成长影响重大。俗语说："近朱者赤，近墨者黑。"一个人的前途命运，大多数都是环境和文化熏陶的结果。特别是一个地方、一个部门的政治环境和政治生态，直接影响着当地的经济社会发展，决定着这个地方和部门党员干部的政治前途命运。良好的政治环境和自然环境一样，稍不注意，就容易受到污染。春风化雨，润物无声，营造良好政治环境，必须加强廉洁文化建设，充分发挥政治文化的潜移默化作用。要严肃党内政治生活，激浊扬清、正本清源，铲除"污染源"，让党内正能量充沛，让歪风邪气无所遁形。要固本培元，加强思想教育，引导党员特别是领导干部筑牢信仰之基、补足精神之钙、把稳思想之舵，保持强大的政治定力、纪律定力、道德定力、抵腐定力。坚持正确选人用人导向，以用人环境涵养政治环境，支持和保护那些能干事、敢担当、善作为的干部，形成见贤思齐、心齐气顺的良好氛围。用好党的组织生活、批评和自我批评等载体和手段，建设积极向上的党内政治文化，让干部在严肃党内政治生活中砥砺淬炼、百炼成钢。

## 10.《孔氏祖训箴规》：读书明理，显亲扬名

### ▌典故出处▌

#### 《孔氏祖训箴规》

一、春秋祭祀，各随土宜。必丰必洁，必诚必敬。此报本追远之道，子孙所当知者。

二、谱牒之设，正所以联同支而亲本。各宜父慈、子孝、兄友、弟恭，雍睦一堂，方不愧为圣裔。

三、崇儒重道，好礼尚德，孔氏素为佩服。为子孙者，勿嗜利忘义、出入衙门，有亏先德。

四、孔氏子孙徙寓各州县，朝廷追念圣裔，优免差役，其正供国课，只凭族长催征，皇恩深为浩大。宜各踊跃输将，照限完纳，勿误有司奏销之期。

五、谱牒家规，正所以别外孔而亲一体。子孙勿得互相誊换，以混来历宗枝。

六、婚姻嫁娶，理伦守重。子孙间有不幸再婚再嫁，必慎必戒。

七、子孙出仕者，凡遇民间词讼，所犯自有虚实，务从理断而哀矜勿喜，庶不愧为良吏。

八、圣裔设立族长，给与衣项，原以总理圣谱，约束族人，务要克己奉公，庶足以为族望。

九、孔氏嗣孙，男不得为奴，女不得为婢，凡有职官员不可擅辱。如遇大事，中奉朝廷，小事仍请本家族长责究。

十、祖训家规，朝夕教训子孙，务要读书明理，显亲扬名，勿得入于流俗，甘为下人。

## 家风故事

### 严嵩坐"冷板凳"的故事

孔尚贤，字象之，孔子第 63 世孙，袭封衍圣公。嘉靖三十五年（1556 年）袭封衍圣公。袭爵之后，孔尚贤立志要"远不负祖训，上不负国恩，下不负所学"。万历十一年（1583 年），孔尚贤为了规范族人言行，在反思自身的基础上，颁布了具有纲领性质的族规《孔氏祖训箴规》。这部《孔氏祖训箴规》共十条，涵括了各阶层族人为人做事的生活准则，是孔尚贤总结先人教诲、自身经历反思的结果。其主要目的是告诫族人要"崇儒重道，好礼尚德，务要读书明理"。核心理念是"勿要嗜利忘义，勿要有辱圣门"。

孔尚贤所处的时代，正值权臣严嵩当道的时期。传说，严嵩于明朝当权时，曾做过不少坏事，后来受到弹劾，心里很是不快，四处寻门子为自己求情。因为他的孙女嫁给了孔尚贤，所以严嵩的罪行被揭发后，为求免罪，急忙专程跑到曲阜来，恳请衍圣公能到当朝皇帝面前为他求情，但是衍圣公孔尚贤深知严嵩父子作恶多端，而不愿徇私情，于是就把他冷落在长凳上，让他等了很久很久，不与相见，没有回话。后来，人们便习惯地称此长凳为"冷板凳"。

## 现代启示

春风化雨，润物无声；桃李不言，下自成蹊。在漫长历史长河中，《孔氏祖训箴规》塑造出了孔氏族人温文儒雅、质朴正直的品格，也塑造了孔氏族人崇德尚勤、廉洁礼让的风尚。孔氏一门之所以历代受到人们敬慕，与其族人家风、家规的教化紧密相连。最开始"诗礼传家"的庭训强调的就是读书与做人的结合、治学与修身的统一。其思想核心就来自《礼记·大学》里面的"正心、诚意、格物、致知、修身、齐家、治国、平天下"。明朝时的衍圣公孔尚贤颁布了具有纲领性质的族规《孔氏祖训箴规》，其核心思想是教育约束族人如何秉承孔子的"八德"思想，身体力行去践行"孝、悌、忠、信、礼、义、廉、耻"。到了清代，时任七品执事官孔宪在孔氏庭训和《孔氏祖训箴规》的基础上，针对家族成员制定了"64字家训"："黎明即起，洒扫庭除；自载检点，不扯滥务；居身简朴，辛勤劳杵；一丝一缕，恒念力扬；粗茶淡饭，慎近酒酤；恪守信义，邻里互助；忠厚传家，苦读诗书；振振绝绝，繁我孔族。"正是在这不断优化、更新的孔氏家训的指导下，孔家才能自孔子以后屹立不倒，可见一个家族的家训对这个家族的影响是多么深远。

世界上影响深远的家族不少，中国历史上也有不少的名门望族，但像孔氏家族一样，不是靠着权力和金钱来维系家族的发展，而是靠着文化和声望来保持家族的传承，这在世界历史上都是较为罕见的。在历史长河的无情洗刷下，很多声名显赫、不可一世的家族都像大浪淘沙一般消逝在岁月烟云中。但唯独孔氏家族，随着儒家文化的传播，孔子在中国历史文化中的地位越来越重要，孔氏家族更是千年长青、兴旺发达。孔氏家族的传承千年告诫我们，要使家族兴旺，一定要有良好的家风家规家教，让子孙后代在家风熏陶中，涵养良好家风，培养优秀品格，才能为家族的传承和发展助力添彩、保驾护航。

## 11. 孟母三迁：君子谓孟母善以渐化

**典故出处**

### 西汉·刘向《烈女传·母仪·邹孟轲母》

邹孟轲之母也，号孟母。其舍近墓。孟子之少也，嬉游为墓间之事，踊跃筑埋。孟母曰："此非吾所以居处子也。"乃去舍市傍。其嬉戏为贾人衒卖之事。孟母又曰："此非吾所以居处子也。"复徙舍学宫之傍。其嬉游乃设俎豆揖让进退。孟母曰："真可以居吾子矣。"遂居之。及孟子长，学六艺，卒成大儒之名。君子谓孟母善以渐化。

**译文**

邹国孟轲的母亲，人称孟母。他们的家靠近墓地。孟子小的时候，玩耍游戏就模仿墓地间发生的事，兴高采烈地筑穴、埋葬。孟母说："这里不是我（想要的）用来让儿子居住的地方。"于是离开把家安在了市场旁边。孟子玩耍嬉戏便模仿商人叫卖之事。孟母又说："这里不是我（想要的）用来让儿子居住的地方。"又搬家到学校的旁边。于是孟子玩耍游戏就模仿揖让进退的祭祀礼仪。孟母说："（这里才）真正可以让我儿子居住了。"于是就定居在这里。等到孟子年龄稍长，开始学习六艺，终于成就了大儒的美名。君子以为这都是孟母逐步教化的结果。

**|家风故事|**

## 孟母"买肉啖子"的故事

孟子少时，东家杀豚，孟子问其母曰："东家杀豚何为？"母曰："欲啖汝。"其母自悔而言，曰："吾怀娠是子，席不正不坐，割不正不食，胎之教也。今适有知而欺之，是教之不信也。"乃买东家豚肉以食之，明不欺也。

这个故事是说：孟子小时候，看见邻家杀猪。孟子问他的母亲说："邻家杀猪干什么？"孟子的母亲说："想给你吃。"马上母亲就后悔说错了话，自己对自己说："我怀这个孩子的时候，席子摆得不端正我不坐，切肉切得不正我不吃，这是胎教。现在他刚有知识我就欺骗他，是在教他不诚实！"孟子的母亲就买了邻居家的猪肉来吃，证明她没有欺骗孟子。

**|现代启示|**

孟母不仅重视客观环境对少年孟子的影响，而且十分注重言传身教，以自己的一言一行、一举一动来启发教育孟子。"孟母三迁"的故事，说的是孟子的母亲非常重视居住环境对孩子的影响，为了给孟子找一个适于学习、能够积极上进的居住环境，而多次搬家的故事。"买肉啖子"的故事，讲的就是孟母如何以自己的言行对孟子施以诚实不欺的品德教育的故事。孟母施教的种种做法，对于孟子的成长及其思想的发展影响极大。良好的环境使孟子很早就受到礼仪风习的熏陶，并养成了诚实不欺的品德和坚韧刻苦的求学精神，为他以后致力于儒家思想的研究和发展打下了坚实而稳固的基础。

环境改变思维，思维改变行为，行为创造结果。一个人如果不满足现状，想改变自己、提升自己，就要离开舒适区，让自己接近高层次、对自己有帮助的圈子。就像一根稻草，绑在白菜上，就是白菜的价格，绑在大闸蟹上，就是大闸蟹的价格。人是环境的产物，一个人的性格、思维与行为方式都由其生存的环境所决定。人把自己放在什么圈子里，就是什么样的人。跟对圈子，找对环境，人才会完美蜕变。

## 12.孟母断机教子：子之废学，若吾断斯织也

**｜典故出处｜**

### 西汉·刘向《烈女传·母仪·邹孟轲母》

孟子之少也，既学而归，孟母方绩，问曰："学何所至矣？"孟子曰："自若也。"孟母以刀断其织。孟子惧而问其故。孟母曰："子之废学，若吾断斯织也。夫君子学以立名，问则广知。是以居则安宁，动则远害。今而废之，是不免于厮役，而无以离于祸患也。何以异于织绩而食，中道废而不为，宁能衣其夫子，而长不乏粮食哉！女则废其所食，男则堕于修德，不为窃盗，则为虏役矣。"孟子惧，旦夕勤学不息，师事子思，遂成天下之名儒。

**｜译文｜**

孟子小时候，有一次放学回家，孟母正在织布，问道："学习到什么程度了？"孟子回答说："还那样儿。"孟母用刀割断了她刚织的布。孟子害怕了并问母亲为什么这么做。孟母说："你荒废学业，如同我割断这布一样。君子学习是为了树立名声，勤问才能增长知识。所以平时就安宁，行动的时候就能远离祸害。如果现在荒废了学业，这就免不了会做下贱的劳役，而且没有办法远离祸患了。这和织布养家没什么不同，半路上废止不做了，怎么能供丈夫和子女穿衣，而且保持不缺粮食呢?！女人废止了养家的生计，男人荒废了德行的修养，不做盗贼，就只能做奴仆了。"孟子怕了，

从早到晚勤学不止，奉子思为师，终于成为天下有名的大儒。

## "凿壁偷光"与"囊萤照读"的故事

　　西汉时期，有一个少年叫匡衡，他特别希望能像学堂里的孩子那样，跟着老师读书。可是，他家里很穷，实在没有钱拿出来供他上学堂。于是，他经常一个人躲在学堂外面，安静地听着里面的读书声。一位亲戚看见他这么喜欢读书，很受感动，就抽空教他认字。日积月累，他终于可以自己读书了。匡衡长大后，每天从早到晚都在地里干活。晚上回到家里，因为没钱，点不起油灯。也不能看书。一天晚上，匡衡从外面回家，周围一片漆黑，只有邻居家的窗户透着光亮。匡衡忽然想到了一个主意，他找来一把小刀，沿着破损的墙壁轻轻地抠，不一会儿，一道弱弱的光线就从墙缝里透射过来。匡衡兴奋极了，便借着这一点点光线看起书来。就凭着凿壁偷光这样的毅力，匡衡博览群书，下笔成章，终于成为西汉著名学者。

　　晋代时，车胤从小好学不倦，但因家境贫困，父亲无法为他提供良好的学习环境。为了维持温饱，没有多余的钱买灯油供他晚上读书。为此，他只能利用白天这个时间背诵诗文。夏天的一个晚上，他正在院子里背一篇文章，忽然见许多萤火虫在低空中飞舞。一闪一闪的光点，在黑暗中显得有些耀眼。他想，如果把许多萤火虫集中在一起，不就成为一盏灯了吗？于是，他去找了一只白绢口袋，随即抓了几十只萤火虫放在里面，再扎住袋口，把它吊起来。虽然不怎么明亮，但可勉强用来看书了。从此，只要有萤火虫，他就去抓一把来当作灯用。由于他勤学不辍，后来终于做了职位很高的官。

**▌现代启示▐**

　　《三字经》说:"昔孟母,择邻处,子不学,断机杼。"孟母"断机教子",讲的是孟母现身说法,用刀割断所织的布,来教育孟子读书要勤奋,学习不要半途而废的故事。学习对每个人都至关重要。学习不是一朝一夕的事情,而是日积月累的过程。学习可以让我们明理,即明白为人处世的道理,掌握处理事情的方法,解决问题更加快捷迅速方便;学习可以让我们强大,人类发展到今天是一代又一代人不断努力的结果,我们通过学习可以掌握前人留下的宝贵财富,才能在社会上更好地立足。如果不学习,我们看待事物就可能比较片面,在解决事情的时候可能过早地下结论,错失良机。所以坚持学习、终身学习才是我们正确的成长道路,只有学习,才能让我们变得更有远见和更有本领。今天,我们担负着建设社会主义现代化强国的重任,需要一批又一批政治过硬、本领高强的建设者和接班人。要想更好地服务人民、履职尽责,就必须积极主动适应新时代新要求,主动加强学习,全面增强本领,厚植干事创业的理论功底、知识功底、业务功底,才能使自己跟上时代步伐、跟上形势要求、跟上事业需要。

## 13. 子罕：我以不贪为宝

**典故出处**

### 《左传·襄公十五年》

宋人或得玉，献诸子罕。子罕弗受。献玉者曰："以示玉人，玉人以为宝也，故敢献之。"子罕曰："我以不贪为宝，尔以玉为宝，若以与我，皆丧宝也，不若人有其宝。"稽首而告曰："小人怀璧，不可以越乡。纳此以请死也。"子罕寘诸其里，使玉人为之攻之，富而后使复其所。

**译文**

有个宋国人得到一块玉石，将它献给子罕。子罕不肯接受。献玉石的人说："我曾经把这块玉石拿给雕琢玉器的人鉴定过，他认为这玉是一块宝玉，所以我才敢进献它。"子罕说："我把不贪图财物的这种操守当作是宝物，你把玉石作为宝物。如果你将玉给予我，我们两人都丧失了心中的宝，还不如我们都拥有各自的宝物。"献玉的人跪拜于地，告诉子罕说："小人带着璧玉，不能安全地走过乡里，把玉石送给您，我就能在回家的路上免遭杀身之祸。"于是，子罕把这块玉石放在自己的手里，把献玉人安置在自己的住处，请一位玉工替他雕琢成宝玉，卖出去后，把钱交给献玉的人，让他富有后再让他返回家。

## 家风故事

### "古今第一廉吏"于成龙的故事

清代的于成龙为官清廉自守，多行善政，深得士民爱戴。他任黄州知府时，当地遭遇连年饥荒，他一面向上司请求蠲免税赋，赈济灾民，一面组织民间自救，自己常年以粗糠野菜为食，把节省的薪俸口粮用于救灾，老百姓编歌赞道："要得清廉分数足，唯学于公食糠粥。"后来于成龙官至两江总督，依然是"布衣蔬食，半茹糠秕""日食粗粝一盂，粥糜一匙，侑以青菜，终年不知肉味"，江南百姓称他为"于青菜"。于成龙病逝时，部属见其床头旧箱里仅有绨袍一件、靴带二条，瓦瓮中粗米几斤、盐豆豉几碗。康熙曾评价于成龙："居官清正，为古今廉吏第一！"

## 现代启示

为官为政须有清白的操守、清明的头脑和清廉的作风。首先，要把自重作为立身的准则，坚定自己的信念，珍惜自己的名誉，让自己的言行一致，做一些与自己责任相符的事情。做一个清廉的人，必须坚持公私分明、先公后私、克己奉公，坚持崇廉拒腐、清白做人、干净做事，坚持尚俭戒奢、艰苦朴素、勤俭节约，坚持吃苦在前、享受在后、甘于奉献。其次，要把自省作为修身养性的镜子。知人者智，自知者明，一个明智的人应该有随时检查自己是否有过的自觉和勇气。毛泽东同志曾说过："房子是应该经常打扫的，不打扫就会积满了灰尘，脸是应该经常洗的，不洗也就会灰尘满面。"曾子曰："吾日三省吾身，为人谋而不忠乎？与朋友交而不信乎？传不习乎？"我们在生活中难免会有这样那样的缺点，也要经常审视自己的思想和行为，防微杜渐，正视存在的问题和不足，不断纠正错误，克服缺点。最后，要把自警作为安身立本的标尺，对自己的思想和言行要有高度的警觉，对可能出现的错误及时察觉，防患于未然。同时，要通过自警，经常地鞭策和激励自己，在工作中始终保持昂扬的斗志，干事创业的激情。一个人能否廉洁自律，最大的诱惑是自己，最难战胜的敌人也是自己。

## 14.《韩非子·喻老》：箕子见象箸以知天下之祸

**┃典故出处┃**

### 《韩非子·喻老》

昔者，纣为象箸，而箕子怖。以为象箸必不加于土铏，必将犀玉之杯。象箸玉杯，必不羹菽藿，则必旄象豹胎；旄象豹胎，必不衣短褐而食于茅屋之下，则必锦衣九重，广室高台。吾畏其卒，故怖其始。居五年，纣为肉圃，设炮烙，登糟邱，临酒池，纣遂以亡。故箕子见象箸以知天下之祸，故曰见小曰明。

**┃译文┃**

过去，纣王做了一双象牙筷子，箕子感到恐惧不安，认为象牙筷子必定不能放到泥土烧成的碗、杯里去，必然要使用犀牛角、玉石做成的碗、杯。用着犀牛角、玉石做成的碗、杯，就必定不会吃豆子饭、喝豆叶汤，则必然要吃牦牛、大象和豹的幼胎；吃牦牛、大象和豹的幼胎，就一定不会穿着短小的粗布衣服站在茅草屋底下，必定要穿多层华美的锦衣，筑造高大壮观的宫室。我害怕如此的结局，所以恐惧这样的开始。过了五年，纣王建造了用肉食装点的园子，设置了烤肉用的铜格子，登上酒糟堆成的山丘，面对注满美酒的池子，于是纣因此而灭亡了。箕子见到一双象牙筷子就可以预见天下的灾祸，所以说，能从小事预见到天下的大事就叫作"明智"。

## 周恩来的"十条家规"

周恩来和邓颖超1925年结婚，但膝下没有亲生子女，故此收养了三个干女儿，所认三个女儿（孙炳文之女孙维世、孙新世，弟弟周恩寿之女周秉德）的父母和周恩来都是至亲或朋友。自新中国成立以来，周恩来出任中央人民政府政务院总理，周恩来家过去失去联系的一些亲戚来找的多了，他们有的想托周恩来帮助办一些事情，这让周恩来很伤脑筋。同时，三个女儿在外面表现如何呢？在自己的亲戚和相识的友人中，会不会有人利用自己的影响去谋取一些违背原则的个人私利？为此，周恩来提出，要给大家立个规矩，三个女儿都表示赞同。周恩来说："这个规矩不光是给你们的，也是给我们周家所有亲戚朋友的，大家都得遵守，谁要不遵守你们也可帮我监督。""你们每个人就抄一份放在身上，便于随时提醒自己。以后我们周家的亲戚朋友来了，也要发一份给他们。"这十条家训是：一、晚辈不准丢下工作专程来看望我，只能在出差顺路时来看看；二、来者一律住国务院招待所；三、一律到食堂排队买饭菜，有工作的自己买饭菜票，没工作的由我代付伙食费；四、看戏以家属身份买票入场，不得用招待券；五、不许请客送礼；六、不许动用公家的汽车；七、凡个人生活上能做的事，不要别人代办；八、生活要艰苦朴素；九、在任何场合都不要说出与我的关系，不要炫耀自己；十、不谋私利，不搞特殊化。通过这十条家训，周恩来对亲属提出了比他人更严格的要求，有的甚至近乎苛刻。周恩来的弟弟周恩寿在内务部供职时，周恩来特地向内务部部长曾山提出，要给周恩寿的干部级别定低一点儿、工资向低标准靠。邓颖超作为党内元老定级为行政五级，本无可非议，但周恩来仍要压低一级，按照六级的标准给邓颖超。至于周恩来的侄辈周秉德、周秉健等人在他生前没有额外沾一点儿的光。对于孙维世、孙新世这对烈士的女儿，周恩来对她们虽然关爱有加，但也是严格要求，从不许她们有一点儿特殊。多年以后，这位开国总理逝世，他的所有亲属，特别是邓颖超都是严格遵守这十条家训的。邓颖超逝世后，有关报纸公布了她生前所写的一份遗嘱，其中有两条尤为引人注目：一、我所住的房舍，原同周恩来共住的，是全民所有，应交公使用，万勿搞什么故居和纪念馆等。这是我和周恩来同志生前就反对的。二、对周恩来同志的亲属，侄儿女辈，要求党组织和有关单位的领导和同志们，勿因周恩来同志的关系，或对周恩来同志的感情出发，而不去依据组织原则和组织纪律给予照顾安排。这是周恩来同志生前一贯执行的。我也坚决支持的。此点对端正党风，是非常必要的。我无任何亲戚，唯一的一个远房侄子，也很本分，从未以我的关系提任何要求和照顾。

## 现代启示

"纣为象箸"的故事揭示了一个见微知著的深刻道理，告诫我们人要严格要求自己，即使是在小事上也不能放纵了自己，要学会防微杜渐。这个故事后人又总结称为"象牙筷定律"。象牙筷定律是指无法节制的权力和无限膨胀的贪欲，换言之则是在权力与欲望无限增长之时，一个人将会逐渐堕落下去，继而滑向不可挣脱的深渊。毫无疑问，象牙筷效应具有极大的危害性，犹如温水煮青蛙一般，等到发现事情的严重性后，必然悔之晚矣。

贵为一国之君的纣王做了一双象牙筷子，就让身为三贤之一的太师箕子感到恐惧，原因在于，箕子害怕的不是象牙筷子本身，而是由象牙筷子引发的一系列后果。象牙筷子肯定不能配土瓷瓦器，要配犀碗玉杯；犀碗玉杯肯定不能盛粗茶淡饭，要配山珍海味。吃山珍海味就不能粗布葛衣、茅草陋屋，而要锦衣华车、琼楼玉宇……箕子"畏其卒，怖其始"，从一双象牙筷子身上看到了纣王的欲壑难填，为殷商王朝的前途命运感到担忧。果然，"居五年，纣为肉圃，设炮烙，登糟丘，临酒池，纣遂以亡"。

一双小小的象牙筷子何以能够毁掉一个泱泱大国？显然，毁掉殷商王朝的是筷子背后的奢靡享乐。纣王制作使用象牙筷子，就意味着他抛弃勤俭节约，选择奢靡享乐。历史和现实莫不证明，勤俭节约不仅是一种生活方式，同时还是基本道德底线。奢华的潘多拉盒子一旦打开，欲望的多米诺骨牌效应就会立刻显现：一个欲望推动着另一个欲望，一种贪婪紧随着另一种贪婪，各种贪欲接踵而至，永无尽头。当无限膨胀的贪婪欲望遇到了不受节制的恣意权力，结局就是意料中事。

勤俭不兴，贪欲不止；节约不行，欲壑难填。考究不少落马的大贪巨蠹，其贪污腐化的直接起因，往往是一包名烟、一瓶美酒、一顿大餐、一块好表，之后就慢慢放弃了勤俭节约底线，渐渐养成了奢靡享乐恶习，最后走上了违法犯罪的不归路。最近爆出的一些触目惊心的"老虎案"，无一不是背弃了节俭节约原则，走上了奢靡享乐歧途，在贪腐堕落的泥坑中越陷越深，最终沦为国家的罪人。各级干部应当懂得，唯有把勤俭作为一种境界去修养、作为一种品格去恪守，才能自由行走在清正的大道上。

## 15.《荀子·劝学》：锲而不舍，金石可镂

**典故出处**

### 《荀子·劝学》

积土成山，风雨兴焉；积水成渊，蛟龙生焉；积善成德，而神明自得，圣心备焉。故不积跬步，无以至千里；不积小流，无以成江海。骐骥一跃，不能十步；驽马十驾，功在不舍。锲而舍之，朽木不折；锲而不舍，金石可镂。蚓无爪牙之利，筋骨之强，上食埃土，下饮黄泉，用心一也。蟹六跪而二螯，非蛇鳝之穴无可寄托者，用心躁也。

**译文**

堆积土石成了高山，风雨从这里兴起；汇积水流成为深渊，蛟龙从这儿产生；积累善行养成高尚的道德，精神得到提升，圣人的心境由此具备。所以不积累一步半步的行程，就没有办法达到千里之远；不积累细小的流水，就没有办法汇成江河大海。骏马一跨跃，也不足十步远；劣马连走十天，它的成功在于不停止。如果刻几下就停下来了，那么腐朽的木头也刻不断。如果不停地刻下去，那么金石也能雕刻成功。蚯蚓没有锐利的爪子和牙齿、强健的筋骨，却能向上吃到泥土，向下喝到地下的泉水，这是由于它用心专一。螃蟹有六条腿，两个蟹钳，但是没有蛇、鳝的洞穴它就无处藏身，这是因为它用心浮躁。

## 张海迪身残志坚、自学成才的故事

张海迪 1955 年出生在山东文登，小时候因患脊髓血管瘤导致高位截瘫，成了残疾人。但是在残酷的命运挑战面前，她没有沮丧，没有沉沦，以顽强的毅力与疾病作斗争，可残酷的现实是：学校不收像张海迪这样残疾的学生，这给好学上进的小海迪设置了无形的障碍。张海迪知道既然无法上学，那就选择自学，决定用知识来武装自己，她身残志坚、发奋学习，学完了小学、中学的全部课程，又自学了大学英语、日语、德语以及世界语，并攻读了大学和硕士研究生的课程。15 岁时，张海迪跟随父母下放（山东）莘县，她利用已学到的知识，给孩子当起了老师。她还自学针灸医术，为乡亲们无偿治疗。后来，张海迪还当过无线电修理工，为老乡们排忧解难。

1983 年，张海迪开始从事文学创作，她以顽强的毅力克服着病痛，精益求精地进行着创作，执着地为文学而战。争取活着就要做个对社会有益的人。张海迪先后翻译了《海边诊所》《丽贝卡在新学校》《小米勒旅行记》《莫多克——一头大象的真实故事》等数十万字的英语小说，出版了长篇小说《轮椅上的梦》《绝顶》。散文集《鸿雁快快飞》《向天空敞开的窗口》《生命的追问》。以自己的亲身经历激励人们奋发向上。张海迪之后获得两个美誉，一个是"八十年代新雷锋"，一个是"当代保尔"。

**┃现代启示┃**

世上无难事，只要肯登攀。无论干什么事情，只有毅力才能使我们成功。毅力就是顽强拼搏的精神、锲而不舍的品质、百折不挠的意志，贵在不抛弃、不放弃。古人云："若有恒，何必三更眠五更起；最无益，莫过一日曝十日寒"。从古到今，许多成功的人，靠的就是勤学苦练、意志坚定。晋代书法家王羲之，少年时，为了练习书法，"临池学书"，就是坐在一个水池边练习书法，最后把一池清水染成了黑色，终于成为一代书法大家。我们无论做什么事情，无论天赋的高与低，都要有持之以恒的精神和坚持不懈的努力，这样才能获得成功。

当前，我们急需解决的难事不少，面对这些困难和问题，就要有一股义无反顾、干就干成的拼劲，一种愚公移山、锲而不舍的精神，下决心干出成效。要树立求实务实抓落实的工作作风。求实务实，就要不务虚名，不尚浮华，说老实话，办老实事，做老实人。求真务实，关键在于俯下身子，埋头苦干，狠抓落实，自己定准了的事情，就要一项一项地抓紧抓好，不折不扣地落到实处，不能虎头蛇尾，更不能半途而废。能干事、干成事是每名党员干部都应该树立的正确的业绩观。要在工作中要保持强烈的事业心和使命感，端正工作态度和工作作风，存公心，排杂念，始终保持一种锲而不舍、勇往直前的精神和不达目的决不罢休的劲头，切实担负起各项工作的主体责任，以钉钉子精神，一步一个脚印，一项一项地去抓，做到干一件事成一件事。

## 16. 田母拒金：不义之财，非吾有也

**典故出处**

### 西汉·刘向《列女传·母仪传·齐田稷母》

田稷子相齐，受下吏之货金百镒，以遗其母。母曰："子为相三年矣，禄未尝多若此也，岂修士大夫之费哉。安所得此？"对曰："诚受之于下。"其母曰："吾闻士修身洁行，不为苟得。竭情尽实，不行诈伪。非义之事，不计于心。非理之利，不入于家。言行若一，情貌相副。今君设官以待子，厚禄以奉子，言行则可以报君。夫为人臣而事其君，犹为人子而事其父也。尽力竭能，忠信不欺，务在效忠，必死奉命，廉洁公正，故遂而无患。今子反是，远忠矣。夫为人臣不忠，是为人子不孝也。不义之财，非吾有也。不孝之子，非吾子也。子起。"田稷子惭而出，反其金，自归罪于宣王，请就诛焉。宣王闻之，大赏其母之义，遂舍稷子之罪，复其相位，而以公金赐母。

**译文**

田稷担任齐国的相国之时，曾接受手下官吏的馈赠黄金百两，并且将财物送给了母亲。母亲说："你出任相国已经有三年了，但俸禄都不曾有这么多，何况一般官员的俸禄呢！这些是从哪里得来的？"田稷回答说："确实是收受属下的。"母亲说："我听说士大夫要修身洁行，不能随便收受人家的东西。诚心诚意地做事，不弄虚作假。这不是符合道义的事情，不要在心里盘算；不合理的钱财，

不要带回家来。如果言行一致，就会表里如一。如今，君上用高官厚待你，用厚禄供奉你，你的一言一行就应该报答君上。臣子辅佐君上，就像儿子孝敬父亲。尽心竭力，忠贞不贰，效忠君上，恪守使命，廉洁公正，因而就不会有祸患。如今，你却与此相反，远离了忠诚啊！作为臣子不忠，就是作为儿子不孝。不义的财物，不是我应该拥有的，不孝顺的儿子，不是我的儿子。你走吧！"田稷听后觉得十分惭愧，于是把钱财退还原主且将此事奏明齐宣王，请求赐死。齐宣王听后对田稷之母大为赞赏，并赦免了田稷的受贿之罪，恢复他相国的职位，并且拿出国家的钱财奖赏给田稷的母亲。

## 家风故事

### 姚母试子的故事

姚梁（1736—1785 年），庆元县松源镇姚家村人。自幼好学，二十三岁保举优贡，清乾隆三十年（1765 年）顺天乡试考取举人，三十四年登进士，官至内阁中书，历任礼部主事、刑部员外郎、顺天乡试会试同考官、山东学政、饶州知府、川东分巡备道、江广按察司、河间府知府等职，所至皆有政绩。三十五年后封奉直大夫、中宪大夫、通议大夫，世称"三大夫"。姚梁为官清廉，政绩累累，备受尊敬。这得益于姚梁从小受到的家庭诚信教育。

据说，有一年，朝廷赐封姚梁为察司，要他去各州府查办贪官污吏。这事被他母亲知道了，她老人家生怕儿子胜任不了这桩大事，决定要试他一试。一日黄昏，姚梁刚从外面回家，他母亲劈头便问："梁儿，我中午煮了一大碗香蛋，好端端地放在橱内，晚上打开橱门一看，竟少了三个，莫非是给媳妇偷吃了，你要替我查一查，我要对家贼施行家教呢！"姚梁对母亲说："几个香蛋吃了便算，不必追究吧。"不料他母亲却认真地说："你连家中小事都分不清，还敢上州下府去查案?"姚梁一听明白了母亲的用意,随即找来几个脸盆、牙杯,盛上清水,叫拢母亲、妻儿等全家人,分给每人一个脸盆,一只牙杯,吩咐大家一齐漱口,并把口水吐入各自面前的脸盆水中。

姚梁一个个地观察过去,别人脸盆的口水都清清的,唯有母亲脸盆的口水漂着一些蛋黄碎。姚梁发觉吃蛋的不是别人正是母亲自己,他正在犯难时,而他母亲却在旁一味催促,问他:"查到了吗?"姚梁说:"查是查着了,不过……"他母亲紧逼着说:"不过要徇私,对否?"这时,姚梁实在无法只得壮着胆指出:"蛋是母亲吃的。"姚梁媳妇直怨他不该当众让老人家难堪。谁料,他母亲却哈哈大笑,说:"你能遇事细心,判事无私,我便放心了。"

不久,姚梁奉旨到各州府明察暗访,根据查到的实情,严办了一批贪官污吏。姚梁为官清廉耿直,毫不徇私,取信于民,是与母亲良好的家教分不开的。

## 现代启示

家风家教是一个家庭最宝贵的财富,是留给子孙后代最好的遗产。习近平总书记强调,领导干部的家风,不仅关系自己的家庭,而且关系党风政风。各级领导干部特别是高级干部要继承和弘扬中华优秀传统文化,继承和弘扬革命前辈的红色家风,向焦裕禄、谷文昌、杨善洲等同志学习,做家风建设的表率,把修身、齐家落到实处。各级领导干部要保持高尚道德情操和健康生活情趣,严格要求亲属子女,过好亲情关,教育他们树立遵纪守法、艰苦朴素、自食其力的良好观念,明白见利忘义、贪赃枉法都是不道德的,要为全社会做表率。"严是爱,宽是害",领导干部严格要求家人,既是对家庭负责,更是对家人的爱护。有的领导干部落马,跟家教不严、家风不正,对配偶、子女等亲属失管失教有直接关系。领导干部贪腐的背后，往往存在"贪内助""衙内腐"甚至"全家腐"等问题。"公生明，廉生威"，领导干部要把"廉"字摆在家风建设的重要位置，廉洁修身、廉洁齐家，管好家属子女和身边工作人员，坚决反对特权现象，树立好的家风家规；把"公"字放在家风建设的重要位置，公私分明、克己奉公，划清用权的界限、立起办事的红线、守住为官的底线，不以公权为家庭谋取私利，切实把人民赋予的权力用来造福于人民。

## 典故出处

### 西汉·刘邦《手敕太子文》

吾遭乱世，当秦禁学，自喜，谓读书无益。洎践祚以来，时方省书，乃使人知作者之意，追思昔所行，多不是。尧舜不以天子与子而与他人，此非为不惜天下，但子不中立耳。人有好牛马尚惜，况天下耶？吾以尔是元子，早有立意。群臣咸称汝友四皓，吾所不能致，而为汝来，为可任大事也。今定汝为嗣。吾生不学书，但读书问字而遂知耳。以此故不大工，然亦足自辞解。今视汝书，犹不如吾。汝可勤学习，每上疏，宜自书，勿使人也。汝见萧、曹、张、陈诸公侯，吾同时人，倍年于汝者，皆拜，并语于汝诸弟。吾得疾遂困，以如意母子相累，其余诸儿皆自足立，哀此儿犹小也。

## 译文

我遭逢动乱不安的时代，正赶上秦皇焚书坑儒，禁止求学，我很高兴，认为读书没有什么用处。直到登基，我才明白了读书的重要，于是让别人讲解，了解作者的意思。回想以前的所作所为，实在有很多不对的地方。古代尧舜不把天下传给自己的儿子，却让给别人，并不是不珍视天下，而是因为他们的儿子不足以担当大任。人们有品种良好的牛马，还都很珍惜，况且是天下呢？你是我的嫡传长子，我早就有意确立你为我的继承人。大臣们都称赞你的朋友商山四皓，我曾经想邀请他们没有成功，今天却为了你而来，由此看来你可以承担重任。现在我决定你为我的继承人。我平生没有学书，不过在读书问字时知道一些而已。因此文词写得不大工整，但还算能够表达自己的意思。现在看你作的书，还不如我。你应当勤奋地学习，每次献上的奏议应该自己写，不要让别人代笔。你见到萧何、曹参、张良、陈平，还有和我同辈的公侯，岁数比你大一倍的长者，都要依礼下拜。也要把这些话告诉你的弟弟们。我现在重病缠身，使我担心牵挂的是如意母子，其他的儿子都可以自立了，怜悯这个孩子太小了。

## 家风故事

### 刘邦：马上得天下与马上治天下

刘邦即汉高祖（前256—前195年），西汉王朝的建立者。字季，沛县（今属江苏）人。前202—前195年在位。早年曾任泗水亭长，秦末农民起义领袖之一。公元前206年，与项羽同伐秦，先项羽入咸阳，被项羽封为汉王，辖巴蜀、汉中。后通过楚汉战争，消灭项羽，建立汉朝，史称西汉。

《史记·郦生陆贾列传》："陆生时时前说称《诗》《书》。高帝骂之曰：'乃公居马上而得之，安事《诗》《书》！'陆生曰：'居马上得之，宁可以马上治之乎？且汤武逆取而以顺守之，文武并用，长久之术也。'"一句话说得刘邦一时无语。后来刘邦经过仔细的思考，觉得读书也有不少用处。于是，他让陆贾把古往今来的治国得失写成文章送给他学习。他看了这些谈论天下大事的文章后，觉得有道理，开始对读书感兴趣起来。

　　古往今来，打天下难，治理天下更难。马上打天下是速战速决，考虑的是战争问题。治理天下要日理万机，大到国际外交，小到人们衣食住行，考虑的是治理能力问题。打天下，是夺取政权，治天下，是稳定和巩固政权，打天下是流血牺牲，是瓦解和破坏，重在打。治天下，是建设和发展，重在治。打天下，需要金戈铁马，驰骋疆场，以快制慢，争分夺秒，争城夺地。而治天下，需要标本兼治，统筹兼顾，循序渐进，治大国如烹小鲜，因地制宜，实事求是，急了不行，慢了也不行。打天下不易，治天下更难。古今中外，能够打天下而治不了天下的例子很多。战争时期，用铁腕打下江山，但却不能用武力坐江山。统一天下后，为百姓谋福才能长久坐稳江山。还以马上打天下的方式治理肯定不行，动不动就出兵武力解决肯定不行。打天下全靠勇敢和力量，而治理天下需要法治德治双管齐下。

## 18.孔臧《诫子书》：人之进退，惟问其志

**典故出处**

### 西汉·孔臧《诫子书》

人之进退，惟问其志。取必以渐，勤则得多。山溜至柔，石为之穿。蝎虫至弱，木为之弊。夫溜非石之凿，蝎非木之钻，然而能以微脆之形，陷坚刚之体，岂非积渐夫溜之致乎？训曰："徒学知之未可多，履而行之乃足佳。"故学者所以饰百行也。

**译文**

人要求进步，但进步的方法、途径，关键在于他定立的志向。在追求的过程中，必须循序渐进，不可急于速成；此外，勤力是不可缺少的重要因素，而只有这样才会有丰硕的成果。山溜，即是山间的滴水，是柔软之体，但凭这柔软之体却可穿过坚石。木里的蠹虫是十分细小的昆虫，但却可以破坏巨木。水滴原不是坚石的凿子，蠹虫原不是钻木的工具，但是它们却能以自己羸弱之体，穿过坚硬的木石，这不就是因为逐渐累积所造成的结果吗？古人说："单单通过学习来掌握知识并不值得赞誉，反而学以致用才值得表扬。"所以，学者要修炼自己多种多样的品行。

## 周恩来：为中华之崛起而读书

1898 年 3 月 5 日，周恩来出生在江苏淮安。1910 年来到东北，先在铁岭上小学，后又转到沈阳东关模范小学。1911 年的一天，正在上课的魏校长问同学们：你们为什么要读书？同学们纷纷回答：为报答父母，为做大学问家，为知书明礼，为让妈妈妹妹过上好日子，为光宗耀祖，为挣钱发财……等到周恩来发言时，他说："为中华之崛起！"魏校长听到一惊，又问一次，周恩来又加重语气说："为中华之崛起而读书！"周恩来的回答让魏校长大为赞赏。

| 现代启示 |

青年强，则国家强。当代中国青年生逢其时，施展才干的舞台无比广阔，实现梦想的前景无比光明。青年的理想信念关乎国家未来。青年理想远大、信念坚定，是一个国家、一个民族无坚不摧的前进动力。青年志存高远，就能激发奋进潜力，青春岁月就不会像无舵之舟漂泊不定。新时代青年的人生目标会有不同，职业选择也有差异，但只有把自己的小我融入祖国的大我、人民的大我之中，与时代同步伐、与人民共命运，才能更好实现人生价值、升华人生境界。新时代青年要树立对马克思主义的信仰、对中国特色社会主义的信念、对中华民族伟大复兴中国梦的信心，从学习中激发信仰、获得启发、汲取力量，不断坚定"四个自信"，树立为祖国为人民永久奋斗、赤诚奉献的坚定理想。让理想信念在创业奋斗中升华，让青春在创新创造中闪光。

## 19. 刘向《诫子歆书》：敬事则必有善功

**典故出处**

### 西汉·刘向《诫子歆书》

告歆无忽：若未有异德，蒙恩甚厚，将何以报？董生有云："吊者在门，贺者在闾。"言有忧则恐惧敬事，敬事则必有善功，而福至也。又曰："贺者在门，吊者在闾。"言受福则骄奢，骄奢则祸至，故吊随而来。齐顷公之始，藉霸者之余威，轻侮诸侯，亏跛蹇之客，故被鞍之祸，遁服而亡。所谓"贺者在门，吊者在闾"也。兵败师破，人皆吊之，恐惧自新，百姓爱之，诸侯皆归其所夺邑。所谓"吊者在门，贺者在闾"也。今若年少，得黄门侍郎，要显处也。新拜皆谢，贵人叩头，谨战战栗栗，乃可必免。

**译文**

告诫歆儿不要忽视：你并没有特殊的德行，而蒙受皇恩非常优厚，将拿什么来报答？董仲舒有言道："吊丧的人到了家门，贺喜的人就会到里门了。"这是说有忧虑的事就会心里恐惧而恭敬地从事本职工作，恭敬地从事本职工作就一定会有好的功德，而福祥就会随之而至。董仲舒又说："贺喜的人来到家门，吊丧的人就要到里门了。"这是说享福会使人骄傲奢侈，而骄傲奢侈就会招来灾祸，所以吊丧的人随之而来。齐顷公即位之初，凭借他祖父齐桓公的余威，轻视侮辱诸侯国的使者郤克，使跛子郤克失了面子，所以蒙受了鞌之战的灾祸，只好偷偷地换掉衣服而逃命，这就是所说的"贺喜的人来到家门，吊丧的人就要到里门"的意思。齐顷公兵败师破，人们都为他悲哀，他能够诚惶诚恐，改过自新，百姓就爱戴他，诸侯都归还了侵袭齐国所夺得的城邑，这就是所说的"吊丧的人来到家门，贺喜的人也就到了里门"的意思。现在你还年龄不大，就做了黄门侍郎，这是显要的职位。刚任职的官员都要向你道谢，地位高贵的人要向你叩头，你要小心谨慎，战战兢兢地处处用心办事，才能免除灾祸。

**▌家风故事▌**

### 刘向刘歆：父子事业相继　两汉学术承传

刘向（约前77—前6年），西汉经学家、目录学家、文学家。本名更生，字子政，沛（今江苏沛县）人。汉皇族楚元王刘交四世孙。曾任谏议大夫、宗正、光禄大夫、中垒校尉等。校阅群书，撰成《别录》，为我国目录学之祖。著有《说苑》《列女传》《新序》等。《诫子歆书》是西汉名儒刘向写给他的小儿子刘歆的训诫。其时，刘歆少年得志，得到皇上的赏识和重用。刘向担心儿子因此得意扬扬，忘乎所以，引出灾祸，因而语重心长地讲述了"福中有祸、祸里藏福""谦受益，满招损"的道理，提醒他恭谨处事，戒骄戒躁。文章引经据典，结合事例，严肃而不乏生动，机智而又深刻。他讲述的祸福变易的辩证法，很有意味，表露了一颗慈父之心，给人以启迪和策励。刘歆记住了他父亲的话，一生都谦逊，成为著名学者，撰写《七略》《三统历谱》等，被称为"学术界的大伟人"。

**▌现代启示▌**

实干兴邦、空谈误国。大凡有成就、有功绩的党员干部，都是有大责任、大担当的。一个有责任心的人，必定是敬业、热忱、主动、忠诚，把细节做到完美的人。在责任心的驱使下，他会积极主动挖掘自己的潜能，会更加勇敢、坚忍和执着，会充满激情，勤奋地工作。由此可见，无论一个人有多么优秀，他的能力都要通过尽职尽责的工作来体现。我们常说，"贪点黑，起点早，多学习，勤思考，平时少往家里跑，事业肯定能干好"。事业发展的一个共同规律是：千条万条战斗力，九九归一事业心。思想要刻苦、工作要辛苦、生活要艰苦。勤能聚人、勤能补拙。大部分人的日常工作，都是相对平常甚至琐碎的，规律性、操作性比较强，不需要特别的超人才智，能否做好关键看我们是不是有一个吃苦耐劳的精神，是不是有一个勤勉敬业的态度。说到底，只要是出于公心，出于对事业负责的态度，工作没有干不好的。精神的力量是无穷的，一个人如果把全部心思和精力投入到一项工作上来，那他迸发的能量是惊人的，取得的成就也将是巨大的。

# 20. 刘廙《诫弟纬》：夫交友之美，在于得贤，不可不详

## ▌典故出处▐

### 西汉 · 刘廙《诫弟纬》

夫交友之美，在于得贤，不可不详。而世之交者，不审择人，务合党众，违先圣人交友之义，此非厚己辅仁之谓也。吾观魏讽，不修德行，而专以鸠合为务，华而不实，此直揽世沽名者也。卿其慎之，勿复与通！

## ▌译文▐

结交朋友的好处，就在于能得到有才德的人的帮助，因此不能不慎重选择。可是，世上交朋友的，往往不能慎重地选择，甚至是拉帮结派，结党营私，这就完全违背了孔圣人有关交友的教导，是不能称之为"厚己辅仁"的。我看魏讽这个人，不讲究道德修养，而专门拉帮结派，华而不实，是真正凭着沽名钓誉而求取于人。你应当审慎才是，千万不要再与他交往了！

## ▌家风故事▐

### 管宁割席断交的故事

汉末三国时期的一个饱学之士管宁和好朋友华歆共园中锄菜，菜地里头竟有一块前人埋藏的黄金，黄金就被管宁的锄头翻腾出来了。但是华歆管宁他们平时读书养性，就是要摒除人性中的贪

念，所以这时候，管宁见了黄金，就把它当作砖石土块对待，用锄头一拨就扔到一边了。华歆在后边锄，过了一刻也看见了，明知道这东西不该拿，但心里头不忍，还是拿起来看了看才扔掉。过了几天，两人正在屋里读书，外头的街上有达官贵人经过，乘着华丽的车马，敲锣打鼓的，很热闹。管宁还是和没听见一样，继续认真读他的书。华歆却坐不住了，跑到门口观看，对这达官的威仪艳羡不已。车马过去之后，华歆回到屋里，管宁却拿了一把刀子，将两人同坐的席子从中间割开，说："你呀，不配再做我的朋友啦！"

## ▌现代启示▌

俗语说，"近朱者赤，近墨者黑"，我们每个人都生活在红尘凡世之中，都吃五谷杂粮，都食人间烟火，都讲友谊情感，都有亲朋好友。但朋友有挚友、诤友与狐朋狗友之分。现实生活中确有一些人，为了获取个人的某种利益，千方百计与你套近乎，称兄道弟，跑前跑后，踩断门槛。在温情脉脉的面纱后，在温良恭谦的言辞间，隐藏着他们叵测的目的。因此，我们要正确处理人际关系，自觉净化自己的社交圈、生活圈、朋友圈，善交益友、乐交诤友、不交损友。特别是党员领导干部，手中掌握者人民赋予的权力，享有党和国家委托的资源，更要自觉净化自己的"朋友圈"，把握好"度"，切不可乱交朋友，做到朋友要交，选友要准，交往有度，不离原则。要多同普通群众交朋友，多同基层干部交朋友，多同先进模范交朋友，多同专家学者交朋友。古语讲："以势交者，势倾则绝；以利交者，利穷则散。"实践证明，以利益为纽带建立起来的"友谊"是不牢固的，所谓的"感情"也不会长久。一旦真正遇到问题或者失去了权力，"友谊的小船"便说翻就翻。我们应该坚守正确的义利观、交友观，择友而交，从善如流，构建清爽的"朋友圈"，在事业的奋进中增进友谊，在正常的交往中收获感情。

## 21. 王吉《奏疏戒昌邑王》：言宜慢，心宜善

### 典故出处

**西汉·王吉《奏疏戒昌邑王》**

言宜慢，心宜善，行宜敏。骨宜刚，气宜柔，志宜大，胆宜小，心宜虚，言宜实，慧宜增，福宜惜，虑不远，忧亦近。

### 译文

说话要稳重、谨慎，心里思考要往美好的地方想，任何已经决策好的事时要雷厉风行。骨气应当强劲，脾气应该柔缓，志气应当远大，胆量要谨慎，虚心，说话应当诚实，努力提高智慧，应当珍惜幸福，如果不做长远的考虑，忧患很快就要到来了。

### 家风故事

**琅琊王氏传承不息的6字家规**

公元前77年，琅琊人王吉奉调往昌邑王府任职。昌邑王刘贺荒淫，属下多奸佞之徒。在如此险境中，王吉遇一老人，赠以六字真言："言宜慢，心宜善。"凡事不必急着表态，不必急着争先，谨言慎行方为上策；凡事务必替人着想，务必心存好意，善良悲悯才是良方。他凭此渡过危难，并获得美誉，成为朝廷重臣。此后他把这六字定为家规，以至其后代人才辈出。据史载，琅琊王氏先后出

了 36 个皇后、36 个驸马、35 个宰相。东晋丞相王导、书法家王羲之皆出其门。南朝史学家沈约曾经说过："自开辟以来，未有爵位蝉联、文才相继如王氏之盛也。"

## ▌现代启示▌

为政之德，贵在常修。为政之德，要求党员干部弃谋私之念，去非分之想，培养良好的政治品格、廉洁意识。党员干部既然选择了从政这一神圣事业，就要义无反顾地为之奋斗、为之奉献。党员干部必须坚持学习、长期锤炼，牢固树立正确的人生观、价值观，以"蝼蚁之穴、溃堤千里"的忧患之心对待自己的一思一念，以"如履薄冰、如临深渊"的谨慎之心对待自己的一言一行，以"夙夜在公、寝食不安"的公仆之心对待自己的一职一责，自觉抵御各种腐朽落后思想观念的侵蚀，做到秉公用权而不以权谋私、依法用权而不假公济私，以强烈的事业心和高度的责任感，尽心尽力、尽职尽责地为国家和人民执好法、服好务。古人云，"勿以善小而不为，勿以恶小而为之"。身为党员干部要谨慎处事、谨慎交友，耐得住寂寞，高调做事、低调做人，守得住清贫，经得住诱惑，始终保持人生追求的高格调、高品位和共产党人的浩然正气。一个人在政治上出问题，往往开始于小节的腐化堕落。千里之堤，溃于蚁穴，任何大事都是由小事一点点积累起来的，所以不要出任何纰漏。

## 22. 班固《汉书·苏武传》：使于四方，不辱君命

**典故出处**

### 东汉·班固《汉书·苏武传》

单于愈益欲降之，乃幽武置大窖中，绝不饮食。天雨雪。武卧啮雪，与旃毛并咽之，数日不死。匈奴以为神。乃徙武北海上无人处，使牧羝，羝乳乃得归。别其官属常惠等各置他所。武既至海上，廪食不至，掘野鼠去草实而食之。杖汉节牧羊，卧起操持，节旄尽落。积五六年，单于弟於靬王弋射海上。武能网纺缴，檠弓弩，於靬王爱之，给其衣食。三岁余，王病，赐武马畜、服匿、穹庐。王死后，人众徙去。其冬，丁令盗武牛羊，武复穷厄。

**译文**

（卫律知道苏武终究不可胁迫投降，报告了单于。）单于越发想要使他投降，就把苏武囚禁起来，放在大地穴里面，断绝供应，不给他喝的、吃的。天下雪，苏武卧着嚼雪，同毡毛一起吞下充饥，几日不死。匈奴认为这是神在帮他，就把苏武迁移到北海边没有人的地方，让他放牧公羊，公羊生了小羊才能回来。分开他的随从官吏常惠等人，分别投放到另外的地方。苏武迁移到北海后，公家发给的粮食不到，挖野鼠穴里藏的草食充饥。拄着汉朝的旄节牧羊，睡觉、起来都拿着，以致系在节上的牦牛尾毛全部脱尽。一共过了五六年，单于的弟弟於靬王到北海上打猎。苏武擅长结网和纺制系

在箭尾的丝绳，矫正弓弩，於軒王颇器重他，供给他衣服、食品。三年多过后，於軒王得病，赐给苏武马匹和牲畜、盛酒酪的瓦器、圆顶的毡帐篷。王死后，他的部下也都迁离。这年冬天，丁令部落盗去了苏武的牛羊，苏武又陷入穷困。

## 家风故事

### 苏武牧羊的故事

苏武（前 140—前 60 年），杜陵（今陕西西安）人，西汉时期杰出的外交家。苏武在汉武帝时担任郎官。天汉元年（前 100 年），奉命以中郎将持节出使匈奴，被扣留。匈奴贵族多次威胁利诱，欲使其投降；后将他迁到北海边牧羊，扬言要公羊生子方可释放他回国。苏武历尽艰辛，留居匈奴 19 年，持节不屈，至汉昭帝始元六年（前 81 年）方获释归汉，拜典属国，禄中二千石。次年因卷入上官桀谋反案而被免官。元平元年（前 74 年）参与拥立汉宣帝，受封关内侯，重新拜右曹典属国。神爵二年（前 60 年），苏武去世，享年八十余岁。甘露三年（前 51 年），位列麒麟阁十一功臣之末。苏武留居匈奴 19 年，持节不屈，其爱国忠贞的节操不仅使其名著当时，且对后世产生深远影响。《汉书》赞其"使于四方，不辱君命"。"苏武牧羊"亦成为后世坚贞不屈的象征，"苏武节"在后来也常被用作表彰忠臣的典故。苏武故事的广泛流传和苏武形象的不断塑造，体现了中华民族忠君爱国，崇尚气节，秉持富贵不淫、贫贱不移、威武不屈之人格精神的文化传统。

## 现代启示

忠诚爱国、精忠报国，是华夏儿女的精神血脉，是个人立德的价值坐标。在中华民族数千年的文明长河中，"孝当竭力，忠则尽命"始终是最广泛的道德认同。从苏武"塞外牧羊"到岳飞"精忠报国",从诸葛亮"出师未捷身先死,长使英雄泪满襟"到文天祥"人生自古谁无死,留取丹心照汗青"。忠诚是传统国人的一种优良品质,更是新时代共产党人必须具备的政治品格,是每个党员入党宣誓时的政治承诺。"天下至德,莫大于忠",在诸多的道德品质中,忠诚始终是排在第一位的。习近平总书记强调,要严把德才标准,坚持公正用人,拓宽用人视野,努力造就一支忠诚干净担当的高素质干部队伍。党员干部应当始终把对党忠诚摆在首位,在政治上、思想上、行动上做到对党忠诚。纵观我党 100 多年的风雨历程,在革命年代,为了保护党的组织、为了保护党内同志,多少共产党人大义凛然、视死如归,多少地下工作的同志身份得不到确认却默默奉献着,用鲜血和生命诠释共产党人的忠诚;在社会主义建设时期,无数共产党人以革命理想比天高、敢教日月换新天的磅礴气势和冲天干劲,铺筑出了新中国建设的坚实道路;在改革开放年代,共产党人共同担当起了国富民强的时代重任,带领群众积极探索中国特色社会主义事业发展之路,树立起了强大的道路自信、理论自信、制度自信和文化自信,用经济建设日益丰富的成果、用社会翻天覆地的变化,践行着对党的忠诚、对党和人民事业的忠诚。

23.《后汉书·杨震传》：天知、地知、你知、我知，何谓无知？

## 典故出处

### 《后汉书·杨震传》

杨震迁东莱太守。当之郡，道经昌邑，故所举荆州茂才王密为昌邑令。谒见，至夜怀金十斤以遗震。震曰："故人知君，君不知故人，何也？"密曰："暮夜无知者。"震曰："天知，神知，我知，子知。何谓无知！"密愧而出。性公廉，不受私谒。子孙常蔬食步行，故旧长者或欲令为开产业，震不肯，曰："使后世称为清白吏子孙，以此遗之，不亦厚乎！"

## 译文

杨震升任东莱太守。在他到东莱郡上任的途中，路过昌邑县，以前他推荐的荆州秀才王密，现在是昌邑县令。王密去拜见杨震，到了晚上王密怀中揣着十斤金来送给杨震。杨震说："作为老朋友，我了解你，你却不了解我，这是为什么呢？"王密说："夜里没有人知道。"杨震说："上天知道，神明知道，我知道，你知道。怎么能说没有人知道呢？"王密惭愧地出去了。杨震为人公正清廉，不接受私下的请托。他的子孙常吃粗食，徒步出行，杨震的老朋友和长辈劝他为子孙后代置办一些产业，但杨震不肯，他说："让后世的人说他们是清官的子孙，把好名声留下来，不也是很丰厚吗？"

## 吴隐之饮"贪泉"的故事

晋朝官员吴隐之，在赴广州刺史任上路经"贪泉"，人称饮"贪泉"之水就会变得贪婪无比。他酌而饮之，并写下诗句："古人云此水，一酌怀千金；试使夷齐饮，终当不易心。"后来，吴隐之被称为晋代第一良吏。事实证明，清与不清，不在外物，而在一个人的内心。

┃现代启示┃

为官以廉为先，从政以勤为本。作为党员领导干部，干事是本分，干成事是追求，不出事是底线，一定要干净干事，保持清白之身，做到一日三省吾身，经常自重、自省、自警、自励。习近平总书记多次提到河南内乡县古县衙门内的一副楹联："得一官不荣，失一官不辱，勿道一官无用，地方全靠一官；吃百姓之饭，穿百姓之衣，莫以百姓可欺，自己也是百姓。""四知先生"杨震在治家方面同样垂范后人，立起了清白家风。杨震说："使后世称为清白吏子孙，以此遗之，不亦厚乎？"在杨震看来，始终保持清白廉洁的形象和节操，就是他留给后世子孙最好的遗产和礼物。审视杨震后裔的人生轨迹，他的子孙们深受做"清白吏"家风影响，个个都为官清廉。杨震家族从杨震起四代人连续担任"三公"职务，代代皆能守住四世三公"清白吏"之名声。据《后汉书·杨震列传》记载，"自震至彪，四世太尉，德业相继"，代代"能守家风，为世所贵"。唐代诗人李白赞其曰："关西杨伯起，汉日旧称贤。四代三公族，清风播人天。"

## 24.蔡邕《女训》：心之不修，贤者谓之恶

**典故出处**

### 东汉·蔡邕《女训》

心犹首面也，是以甚致饰焉。面一旦不修饰，则尘垢秽之；心一朝不思善，则邪恶入之。咸知饰其面，不修其心，惑矣。夫面之不饰，愚者谓之丑；心之不修，贤者谓之恶。愚者谓之丑犹可，贤者谓之恶，将何容焉？故览照拭面，则思其心之洁也；傅脂则思其心之和也；加粉则思其心之鲜也；泽发则思其心之顺也；用栉则思其心之理也；立髻则思其心之正也；摄鬓则思其心之整也。

**译文**

心就像头和脸一样，需要认真修饰。脸一天不修饰，就会让尘垢弄脏；心一天不修善，就会窜入邪恶的念头。人们都知道修饰自己的面孔，却不知道修养自己的善心，糊涂啊！脸面不修饰，愚人说他丑；心性不修炼，贤人说他恶。愚人说他丑，还可以接受；贤人说他恶，他哪里还有容身之地呢？所以你照镜子的时候，就要想到心是否圣洁；抹香脂时，就要想想自己的心是否平和；搽粉时，就要考虑你的心是否鲜洁干净；润泽头发时，就要考虑你的心是否安顺；用梳子梳头发时，就要考虑你的心是否有条有理；绾髻时，就要想到心是否与髻一样端正；束鬓时，就要考虑你的心是否与鬓发一样整齐。

## 丑女钟无艳的传奇故事

钟离春，又名钟无艳。史书记载，她复姓钟离名无盐，之所以叫无盐是因为她是无盐邑（今山东东平）人。齐宣王执政初期，日日歌舞，夜夜欢声，后无艳进，述先人开疆不易，历数宣王之过。宣王悔改，为表其悔改之心，散尽后宫，立无艳为后，彰其不贪美貌，自此勤政改革，齐国成为六国之佼佼者！

钟离春的故事最早见于西汉刘向的《列女传》中的《辩通传》。她是齐国无盐县人，她德才兼备却容颜丑陋，额头、双眼均下凹，显得黯淡发干，上下比例失调，而且骨架很大，非常健壮，像男人一样，鼻子朝天，脖子很肥粗，有喉结，额头像臼，就是中间下陷的。又没有几根头发，皮肤黑得像漆。年四十未嫁，许多古书里动不动就说"貌比无盐"，跟"貌如西子"呼应。钟离春虽然长了一副丑陋吓人的模样，但却心怀天下，关心政治。当时执政的齐宣王，政治腐败，国事昏暗，而且性情暴躁，喜欢吹捧，钟离春冒死自请见齐宣王，陈述齐国危难四条，并指出如再不悬崖勒马，将会城破国亡。齐宣王大为感动，把钟离春看成是自己的一面宝镜。其谏议为宣王所采纳，立为王后，从此齐国大治。而中国也留下两句成语"丑胜无艳"和"自荐枕席"。

丨现代启示丨

爱美之心，人皆有之，但美有心灵美和外在美之分。心灵美亦称"精神美""内心美""灵魂美"，是"最美的境界"。中国古代将心灵美称作"内秀""性善""仁""诚"等。孔子提出"里仁为美"，墨子认为"务善则美"，孟子认为"充实善信"是美德之人，只有善的、诚实的，心灵才是美的。不同时代、不同阶级的人对心灵美有不同的或某些相似的衡量标准。包括思想意识的美（如正确的立场、观点、方法，崇高的理想，爱国主义、集体主义思想等），道德情操的美（如情感、操守、格调的美等），精神意志的美（如进取精神、创造精神、顽强意志、崇高气节的美）、智慧才能的美(如高度的文化素养、知识才能、聪明睿智等)。心灵美是真、善、美的统一，知、意、情的统一，是人的行为美、语言美、仪表美的内在依据，并通过具体的感性形态而被人们所感知，集中体现了社会文明对人的思想、感情、意志的要求。

## 典故出处

### 东汉·郑玄《诫子书》

吾家旧贫，不为父母昆弟所容，去厮役之吏，游学周秦之都，往来幽、并、兖、豫之域，获觐乎在位通人，处逸大儒，得意者咸从捧手，有所受焉。遂博稽六艺，粗览传记，时睹秘书纬术之奥。年过四十，乃归供养，假田播殖，以娱朝夕。遇阉尹擅势，坐党禁锢，十有四年而蒙赦令；举贤良方正有道，辟大将军、三司府，公车再召。比牒并名，早为宰相。惟彼数公，懿德大雅，克堪王臣，故宜式序。吾自忖度，无任于此。但念述先圣之元意，思整百家之不齐，亦庶几以竭吾才，故闻命罔从。而黄巾为害，萍浮南北，复归邦乡。入此岁来，已七十矣。宿业衰落，仍有失误；案之典礼，便合传家。

今我告尔以老，归尔以事；将闲居以安性，覃思以终业。自非拜国君之命，问族亲之忧，展敬坟墓，观省野物，故尝扶杖出门乎？家事大小，汝一承之，咨尔茕茕一夫，曾无同生相依，其勖求君子之道，研钻勿替，敬慎威仪，以近有德，显誉成于僚友，德行立于己志。若致声称，亦有荣于所生，可不深念耶！可不深念耶？

吾虽无绂冕之绪，颇有让爵之高；自乐以论赞之功，庶不遗后人之羞。末所愤愤者，徒以亡亲坟垄未成，所好群书，率皆腐散，不得于礼堂写定，传与其人。日夕方暮，其可图乎！家今差多于昔，勤力务时，无恤饥寒。菲饮食，薄衣服，节夫二者，尚令吾寡憾；若忽忘不识，亦已焉哉！

## |译文|

家里过去生活贫寒，我年轻时，曾任乡中掌管听讼收赋税的小吏啬夫。我不喜欢走做官的道路，而乐于追求学业。后来，经父母和兄弟允许，我辞去官职，外出游学。曾经到过周、秦两朝的都会西安、洛阳、咸阳等地，来往于河北、山西、山东、河南各地。在周游求学的过程中，我不仅有幸拜见在官位的博古通今、博学多才的人，还受教于隐居民间的有学问的大儒学者。见到这些学业上颇有成就的人，我都虚心求教。他们对我都热心给予指导，使我受益匪浅。这样，我广泛地考察和研究了《诗》《书》《礼》《乐》《易》《春秋》等典籍，也粗略地阅读了一些传记，还时常参阅外面不易得到的藏书，领略到一些天文方面的奥秘。过了四十岁以后，才回家赡养父母，租田种植，以使父母欢度晚年。后来，遇到宦官专权，捕禁异党，我也受牵连被禁锢14年之久，直到朝廷大赦，才得到自由。恢复自由后，恰逢朝廷选拔有德行有才能的人，大将军三司府征召我做官。与我同时一起被征召的人，早就做了宰相。我觉得他们几位有美德有高才，配得上为王臣，适宜于在重用之列。而我反复考虑自身的条件，觉得自己不适宜去做官。我念念不忘做的是，记述先代圣贤的思想，整理、注释诸子百家的典籍。我渴望在做学问上施展我的才华。因此，朝廷一再征召我，我也未应征召去做官。遭逢黄巾起义的战乱，像浮萍一样南北漂泊，于是我又回到了家乡。进入这一年，我已是七十岁的人了。心力不济，往往有所失误。依照礼节的规定，该是把家事传给子孙的时候了。现在我要告诉你我已经老了，把家事托付给你，我将要悠闲地生活以安养性情，精密地思考以完成学问。除非接受国君的任命，或吊问亲族的丧事，或恭敬地祭扫坟墓，或观看野外的景致，就不会再扶杖出门了。家事无论大小，都将由你全部承担。想到你孤孤单单一人，没有同胞兄弟可以相互依靠，你更应该勉励自己努力探求君子之道，深入钻研、修养，不要有丝毫懈怠，要恭敬、谨慎、威严、讲礼仪，以便做个有道德的人。一个人要能显耀而有名誉，要靠朋友同事的推崇，然而，要成为有高尚德行的人，能立足于世上，要靠自己有志气，去努力。假如一个人因此自立于世上，名声称著，对他的父母来说，也是一件荣耀的事。这些，你能不认真、深入思考吗？

我平生虽然没有做高官显贵的业绩，但颇有谦让爵位的高风亮节。使我感到欣慰是，我在论述先圣典籍的原意和褒赞先圣思想方面，还做了一些事情。在这方面，我没有留下让后人可指责而感到羞愧的地方。使我放心不下的，只是亡故亲人坟墓尚未建造完毕。我一生所特别爱好的这些书籍，都很破旧了，现在我也无力到书房去整理定稿，只好传与后人。我已年迈，日薄西山，我还想做些什么呢？我们现在的家境大不如以前了，只有你勤奋努力，不荒废大好时光，方能不必担忧温饱问题。你要节衣缩食，俭朴度日，就可以使我没有什么可以惦念的了。这些你要牢记。如果你忽视、忘却了我的这些话，那只好算我白费口舌了。

**| 家风故事 |**

## 经学大师郑玄的诫子之道

《诫子书》又名《戒子益恩书》，是东汉经学家郑玄于公元197年写给独子郑益恩的诫子书信。全信主要回顾了作者追求学业的经历，并传授给儿子为人处世所应具备的美德。

郑玄（127—200年），字康成，北海高密（今山东高密）人，东汉末年的经学大师。他家贫好学，终为大儒。党锢之祸起，遭禁锢，杜门注疏，潜心著述。以古文经学为主，兼采今文经说，遍注群经，世称"郑学"，为汉代经学的集大成者，使经学进入了一个

"小统一时代"。唐贞观年间，列郑玄于"二十二先师"之列，配享孔庙。

郑玄十二岁之时，曾经随母亲回家省亲，当时客人很多，都身穿华美的服饰，谈吐优雅，郑玄看而不见、听而不闻，一点也不羡慕。母亲私下多次督促，要郑玄仿效他们赚大钱、做大官，郑玄说："这不是我的志向，我不愿意去做这些事。"于是，郑玄来到太学修业，拜第五元先为师，学习《京氏易》《公羊春秋》《三统历》《九章算术》。又向东郡张恭祖学习《周官》《礼记》《左氏春秋》《韩诗》《古文尚书》。此时，他已深通各种典籍，以为洛阳已经没有可以当自己老师人的了，又拜入大儒马融门下学习。学成返乡之时，郑玄已在外游历十余年了，因家贫而客居东莱谋生，跟从他学习的有数百人。

此后，党锢之祸起，郑玄被禁锢不能出仕，便索性闭门不出，一心一意注述经典。黄巾之乱起，党锢解禁，当权公卿多次征召，他都辞官不受。此时，郑玄已行年七十。有次病重，考虑后事，给儿子益恩写了一封书信，自述平生求学求道之路，不以产业为意，希望儿子能理解，希望儿子能亲近君子，做个好人，语言质朴，真感真切。

## 现代启示

良好的道德修养不是与生俱来的，也不是天上掉下来的，而是通过长期刻苦学习和努力锻炼养成的。加强道德修养，是我们每个人的终身课题，必须坚持不懈地做好。加强道德建设的关键是以德立身、以公处事、以廉树威。以德立身，就是要立德固本、修德正身、守德致远，传承我们党的"采得百花成蜜后，为谁辛苦为谁甜"的奉献精神、"毫不利己专门利人"的为民情怀，以及"恋亲不为亲徇私、念旧不为旧谋利、济亲不为亲撑腰"的清廉作风，坚决不做那些有违党纪国法的事、那些有悖道德伦理的事、那些有失自己身份的事；以公处事，就是要有公信、有公心、有公道，做任何事都要"一碗水端平"，绝不能搞亲亲疏疏、厚此薄彼，甚至拿原则换好处、落人情；以廉树威，就是要用党纪国法约束自己、用党性原则要求自己，从小事小节上注意，从一点一滴做起，不要去摸"带电的高压线"、踩"冬天里的薄冰"，做到既干事又干净、既能干成事又能不出事。

# 26. 王脩《诫子书》：人之居世，忽去便过

**▎典故出处▎**

## 东汉·王脩《诫子书》

自汝行之后，恨恨不乐，何者，我实老矣，所恃汝等也，皆不在目前，意遑遑也，人之居世，忽去便过，日月可爱也，故禹不爱尺璧，而爱寸阴，时过不可还，若年大，不可少也，欲汝早之，未必读书，并学作人，欲令见举动之宜，观高人远节，志在善人，左右不可不慎，善否之要，在此际也，行止与人，务在饶之，言思乃出，行详乃动，皆用情实，道理违，斯败矣，父欲令子善，唯不能煞身，其余无惜也。

**▎译文▎**

自从你离开家去外地读书后，我的心情一直闷闷不乐。为什么呢？我年老了，靠的是你们兄弟，却都不在我的眼前，使我惶惶不安。人生活在世上，转眼便匆匆过去了。岁月值得珍惜。所以，夏朝开国君主大禹不喜欢一尺大的宝玉，而爱惜一寸一寸的光阴。因为时光一去不复返，就像人老了，不可能再年轻一样。想要你早早地有成就，不一定局限于读书，而是要学会做人。你如今背井离乡，跋山涉水，离别兄弟，丢弃妻子，游学他乡，是想让你增长见识，懂得做人行事要适度，学习、效仿那些高尚之人的远大节操，以收"闻一得三"之效。立志做一个有道德的善人，你选择朋友不可不慎重。一人出门在外，是行善行恶，关键就在这里。行动举

止，务必谨慎，想好了再说，行动考虑周密了才实施，一切都要按照实际情况、合乎道理办事，违反了必然会失败。父亲想让儿子学好、行善，除了不能杀身，其余都在所不惜。

## 家风故事

### 鲁迅珍惜时间的故事

鲁迅的成功，有一个重要的秘诀，就是珍惜时间。鲁迅十二岁在绍兴城读私塾的时候，父亲正患着重病，两个弟弟年纪尚幼，鲁迅不仅仅经常上当铺，跑药店，还得帮忙母亲做家务；为免影响学业，他务必做好精确的时间安排。此后，鲁迅几乎每天都在挤时间。他说过："时间，就像海绵里的水，只要你挤，总是有的。"鲁迅读书的兴趣十分广泛，又喜爱写作，他对于民间艺术，特别是传说、绘画，也深切爱好；正因他广泛涉猎，多方面学习，因此时间对他来说，实在十分重要。他一生多病，工作条件和生活环境都不好，但他每一天都要工作到深夜才肯罢休。在鲁迅的眼中，时间就如同生命。"美国人说，时间就是金钱。但我想：时间就是性命。倘若无端地空耗别人的时间，其实是无异于谋财害命的。"因此，鲁迅最厌恶那些"成天东家跑跑，西家坐坐，说长道短"的人，在他忙于工作的时候，如果有人来找他聊天或闲扯，即使是很要好的朋友，他也会毫不客气地对人家说："唉，你又来了，就没有别的事好做吗？"

## 现代启示

一寸光阴一寸金，寸金难买寸光阴。人的一生在历史上只是短暂的一瞬，一个领导干部掌权用权、为人民群众办事的时间更是有限，一定要有一种时不我待、只争朝夕的精神，珍惜时间、珍惜手中权力，多为人民办实事、办好事。有为才有位，有位更要有为。作为党员领导干部，要时刻保持一种"一日无为、三日不安"的使命感和"时不我待、只争朝夕"的紧迫感，带头倡导"用行动说话、用效果说话"的实干作风，紧紧围绕党和国家事业大局，主动研究谋划、主动思考部署，积极协调解决推进中的困难和问题，抢抓机遇顺势而为、乘势而进。岁月不饶人，青春不复回。马克思曾说过："作为确定的人，现实的人，你就有规定、就有使命、就有任务，至于你是否意识到这一点，那是无所谓的。"著名作家柳青在《创业史》中说："人生的道路虽然漫长，但要紧处常常只有几步，特别是当人年轻的时候。没有一个人的生活道路是笔直的，没有岔道的，有些岔道口譬如政治上的岔道口，个人生活上的岔道口，你走错一步，可以影响人生的一个时期，也可以影响人生。"人生的路有很多条，人生的不同选项只是代表不同的方向，它没有标准的答案。当站在人生的岔路口时，面对不同的选择，必须作出决定。当决定踏上其中的某一条路时，即使踏上去后才知道它并没有之前想的那般美好灿烂，但也必须走下去。无法回头，只能坚定地走下去。

## 27.马援《诫兄子严敦书》：刻鹄不成尚类鹜，画虎不成反类狗

### 东汉·马援《诫兄子严敦书》

援兄子严、敦，并喜讥议，而通轻侠客。援前在交阯，还书诫之曰："吾欲汝曹闻人过失，如闻父母之名，耳可得闻，口不可得言也。好议论人长短，妄是非正法，此吾所大恶也，宁死不愿闻子孙有此行也。汝曹知吾恶之甚矣，所以复言者，施衿结缡，申父母之戒，欲使汝曹不忘之耳。龙伯高敦厚周慎，口无择言，谦约节俭，廉公有威。吾爱之重之，愿汝曹效之。杜季良豪侠好义，忧人之忧，乐人之乐，清浊无所失，父丧致客，数郡毕至。吾爱之重之，不愿汝曹效之。效伯高不得，犹为谨敕之士，所谓'刻鹄不成尚类鹜'者也。效季良不得，陷为天下轻薄子，所谓'画虎不成反类狗'者也。讫今季良尚未可知，郡将下车辄切齿，州郡以为言，吾常为寒心，是以不愿子孙效也。"

**译文**

我的兄长的儿子马严和马敦，都喜欢讥讽议论别人的事，而且爱与侠士结交。我在前往交阯的途中，写信告诫他们：我希望你们听说了别人的过失，像听见了父母的名字：耳朵可以听见，但嘴中不可以议论。喜欢议论别人的长处和短处，胡乱评论朝廷的法度，这些都是我深恶痛绝的。我宁可死，也不希望自己的子孙有这种行

为。你们知道我非常厌恶这种行径，这是我一再强调的原因。就像女儿在出嫁前，父母一再告诫的一样，我希望你们不要忘记啊。龙伯高这个人敦厚诚实，说的话没有什么可以让人指责的。谦约节俭，又不失威严。我爱护他，敬重他，希望你们向他学习。杜季良这个人是个豪侠，很有正义感，把别人的忧愁作为自己的忧愁，把别人的快乐作为自己的快乐，无论好的人坏的人都结交。他的父亲去世时，来了很多人。我爱护他，敬重他，但不希望你们向他学习。（因为）学习龙伯高不成功，还可以成为谨慎谦虚的人。正所谓雕刻鸿鹄不成可以像一只鹜鸭。一旦你们学习杜季良不成功，那就成了纨绔子弟。正所谓"画虎不像反像狗了"。到现今杜季良还不知晓，郡里的将领们到任就咬牙切齿地恨他，州郡内的百姓对他的意见很大。我时常替他寒心，这就是我不希望子孙向他学习的原因。

**▌家风故事▌**

### "马革裹尸"的故事

马援（前14—49年），字文渊，扶风茂陵人。著名军事家，东汉开国功臣之一。新莽末年，天下大乱，马援初为陇右军阀隗嚣的属下，甚得隗嚣的信任。归顺光武帝后，为刘秀的统一战争立下了赫赫战功，为东汉王朝的建立立下了汗马功劳。后来，他又率兵平定了边境的动乱，威震南方，公元41年被刘秀封为伏波将军。天下统一之后，马援虽已年迈，但仍请缨东征西讨，西破羌人，南征交趾（今越南），其"老当益壮""马革裹尸"的气概甚得后人的崇敬。六十二岁那年，马援又主动请求出征武陵。原来，那时武陵五溪的少数民族首领发动叛乱，光武帝派兵去征讨，结果全军覆没，急需再有人率军前往。光武帝考虑马援年纪大了，不放心他出征。马援见没有下文，就直接去找光武帝说："我还能披甲骑马，请皇上让我带兵去吧。"说罢，当场向光武帝表演了骑术。光武帝见他精神矍铄，动作矫健不逊当年，便批准了他的请求。第二年，马援因长期辛劳患了重病，在军中死去，从而实现了他"男儿要当死于边野，以马革裹尸还葬耳，何能卧床上在儿女子手中邪？"的誓言。

## ▌现代启示▌

东汉名将马援在前线军中听说兄子（侄儿）马严、马敦二人好评人短长，论说是非，于是写了这封信进行劝诫。在信中，他教导严、敦二人不要妄议别人的过失短长，这是他平生最厌恶的，也不希望后辈染此习气。马严、马敦兄弟俩是马援二哥马余的儿子。兄弟俩的身世悲凉，马严七岁时，父亲马余卒于扬州牧任内；八岁时，母亲也辞世西归。两个七八岁的小孩突遭大变，父母双亡，寄养在时任梧安侯相的表兄曹贡家。汉光武帝建武四年（28年），马援随刘秀东征，路过梧安，将马严兄弟带回洛阳。这时马严已经十三岁了。以孝悌传家的马援，将兄子视同己出，严加教诲。此封家书就是经典事例。更可贵的是，马援写这封家书给严、敦二侄时，正是他率军远征交趾的时候。在戎马倥偬、军务缠身的非常时刻，他还惦记着子侄的教育，忙中寻暇，万里传书，殷切之情，溢于言表，肃严之意，沁人肺腑；而且言简意赅，字字珠玑。汉代士人生存环境的险恶与变幻莫测使人时刻保持戒惧状态，谦虚、谨慎以求保全自我，从而保证家族的延续和发展。因此，汉代士人们把这种戒惧意识在诫文中转化为对修身养德的强调。

静坐常思己过，闲谈莫论人非。在现实生活中，有些人最喜欢在别人背后说三道四、搬弄是非，哪怕别人没有得罪他们，他们都要这么做，这样的人在我们身边还不少。在生活中，我们都是远小人近君子，因为小人心理比较阴暗，喜欢在暗处伤人，所以我们斗不过小人只能远离；而君子心里明朗、堂堂正正，我们都喜欢和君子交往。不议论是非，是一个人的基本素养。好话易说，坏话不可乱说，小心祸从口出。别以为你跟谁的关系好，就可以在他面前随意说另一个的坏话，别人会不知道。背后说人坏话，往往比当面说后果会更严重。如果想要别人尊重自己，我们必须先学会尊重别人。

## 28. 曹操《内戒令》: 百炼利器, 以辟不祥

**典故出处**

### 魏晋·曹操《内戒令》

孤不好鲜饰严具。所用杂新皮韦笥, 以黄韦缘中。遇乱无韦笥, 乃作方竹严具, 以帛衣粗布作里, 此孤之平常所用也。

百炼利器, 以辟不祥, 慑服奸宄者也。

吾衣被皆十岁也, 岁岁解浣补纳之耳。

今贵人位为贵人, 金印蓝绶, 女人爵位之极。

吏民多制文绣之服, 履丝不得过绛紫金黄丝织履。前于江陵得杂采丝履, 以与家, 约当着尽此履, 不得效作也。

孤有逆气病, 常储水卧头。以铜器盛, 臭恶。前以银作小方器, 人不解, 谓孤喜银物, 今以木作。

昔天下初定, 吾便禁家内不得香薰。后诸女配国家为其香, 因此得烧香, 吾不好烧香, 恨不遂所禁, 今复禁不得烧香, 其以香藏衣着身亦不得。

房室不洁, 听得烧枫胶及蕙草。

**译文**

我不喜欢装饰漂亮的箱子。平日所用的掺杂新皮制成的箱子, 用黄牛皮镶在中间。遇上战乱没有皮箱, 就用方竹制成箱子, 用丝帛或粗布作里子。这就是我平常所用的东西。

经过千锤百炼的兵器，是用来消除凶恶、使坏人畏惧服从的器具。

我的衣服、被褥都用了十年了，每年不过拆洗缝补后收起罢了。

现在贵人地位为贵人，金的玺印，蓝色的绶带，女人的官位也到了极点了。

官吏百姓多制作纹绣衣服，履丝的颜色不得超过绛紫金黄丝织履。我以前在江陵得到各种花色的丝织鞋子，拿来给家里，约定穿完这些鞋子，不得仿效制作。

我有逆气病，常常准备好水浸头，用铜器盛水，气味不好。前些日子改用银制成小方器，别人不理解，以为我喜欢银物，现在改用木做。

以前天下刚刚平定，我便禁止家内熏香。后来几个女儿当了贵人，为她们熏了香，因此能够烧香。我不喜欢烧香，遗憾的是没能实现我的禁令。现在再次禁止家内烧香，把香放在衣内带在身上也不许。

房室不洁净，任凭烧枫树脂和蕙草。

## ▎家风故事▎

### 曹操执法如山严教子的故事

曹操，安徽亳州人。三国时期著名的军事家、政治家和诗人。他二十岁时就获封议郎的官职，敢作敢为，执法如山。后来他参与镇压黄巾起义，战功卓绝，逐渐统一北方，官至丞相及大将军，封魏公。他的儿子曹丕称帝后，追尊他为武帝。曹操精兵法，善诗歌，有多种著述传世。在子女教育领域，他也有其独到的思想和做法。曹操被称为"一代枭雄"，是一个有才华、有作为的人，他希望儿子能像自己一样秉公守法，成就一番事业，因此在教育他们的过程中，曹操不但言教，而且注重身教，促使他们不断成才。

曹操有好几个儿子，其中曹植最有才华，学业长进最快。曹植在父亲的教育下，读了许多的诗词文章，能过目成诵，文章写得极好，因而很讨曹操的喜欢。曹植二十三岁的时候，曹操勉励他说："我当年做顿丘令的时候也是二十三岁。那时我的所作所为，现在回忆起来仍然感到自豪。你已经二十三岁了，更加要磨砺自己，将来干一番事业。"曹植是曹操的第四个儿子，曹昂死后曹丕就成为曹操的嫡长子。在封建社会，按惯例都是立嫡长子继承王位。可是曹操想立曹植为太子，不过曹植做了一件冒失的事情。有一次曹操外出，曹植趁此机会私自打开了王宫的外大门，到"驰道"上玩了一趟。按规定，这大门和"驰道"只有曹操一人才能通过，别人是绝对不能开、不能走的。曹植的这一行为触犯了禁令。曹操为此专门下了一道令文，严厉斥责了曹植的行为，并把曹植叫来，对他说："我很喜欢你，但你违犯了军令，是不能迁就的。"后来，曹操还是按老规矩，立曹丕为太子。

公元216年，寿春、汉中、长安三处重镇须派人镇守。曹操作《诸儿令》，说："这三个地方，打算各让一个儿子去督察和治理。想选择慈善、孝顺不违拗命令的，但还没有考虑好用谁。儿子们在小的时候虽然我都很钟爱，但长大后，谁有好的德才，必定重用他。我说话是算数的，不但不对我的下属有所偏私，就是对儿子也不想有所偏爱。"过了两年，曹操派他的儿子曹彰带兵讨伐乌丸奴隶主的反叛。临行前，他对曹彰说："咱们在家是父子关系，你接受任务外出打仗，就是君臣关系了。如果你不执行命令，出了差错，就以王法论处！希望你记住我的话。"

曹操在生活上节约俭省，不好奢侈豪华。帷帐屏风，坏了补补再用；常用被褥取暖，也不做美化修饰。在他的倡导、带动和严格教育下，他的儿子和官吏们也"布衣蔬食"，改善了东汉以来奢侈靡费的坏风气，一度形成了俭朴节约的好风尚。曹操对待儿子的执法如山和唯才是举，使他们都能做到勤奋上进，谨慎从事，从而在各自的领域均取得了一定的成就。

## ▌现代启示▐

国有国法，家有家规。作为领导干部，要带头定好家规，让家规家训与党纪国法接上轨、对上表。破家规，就是犯国法，畏法度，就是遵家规；带头遵守家规，不义之"利"不沾，不道之"财"不取，不法之"手"不伸；带头践行家规，让遵从者受益、违规者遭谴，形成家规家训的刚严铁力。讲人性、重家庭、讲感情、爱家人，是人之常情，但领导干部决不能以此为借口，违反党性原则，破坏党纪国法，对家人亲属搞溺爱、偏爱、错爱。"为亲则计之长远"。"畏法度，守规矩"就是对家庭的大爱、对亲人的真爱。要爱在紧要之处，对家人的违规想法，要讲清纪律、讲清后果，帮助打消念头、扑灭苗头；要爱在平时之举，繁忙之际，多问候家人，闲暇之余，多陪家人，多做家务；要爱在长远之计，把家庭平平安安、子女身心健康，作为最大的目标去追求，最大的财富去坚守。

## 29. 诸葛亮《诫子书》：静以修身，俭以养德

**典故出处**

### 三国·诸葛亮《诫子书》

　　夫君子之行，静以修身，俭以养德。非淡泊无以明志，非宁静无以致远。夫学须静也，才须学也，非学无以广才，非志无以成学。淫慢则不能励精，险躁则不能治性。年与时驰，意与日去，遂成枯落，多不接世，悲守穷庐，将复何及！

**译文**

　　君子的行为操守，从宁静来提高自身的修养，以节俭来培养自己的品德。不恬静寡欲无法明确志向，不排除外来干扰无法达到远大目标。学习必须静心专一，而才干来自学习。不学习就无法增长才干，没有志向就无法使学习有所成就。放纵懒散就无法振奋精神，急躁冒险就不能陶冶性情。年华随时光而飞驰，意志随岁月而流逝。最终枯败零落，大多不接触世事、不为社会所用，只能悲哀地坐守着那穷困的居舍，其实悔恨又怎么来得及！

**家风故事**

### 诸葛亮的鞠躬尽瘁、死而后已

　　诸葛亮（181—234年），三国时期政治家、军事家，字孔明，

琅琊（今山东沂南）人。早年避乱于荆州，隐居陇亩，时称"卧龙"。刘备三顾茅庐请他出山，他提出联合孙权抗击曹操统一全国的建议，此后成为刘备的主要谋士。刘备称帝后，任为丞相。刘禅继位，被封为武乡侯，领益州牧，主持朝政。后期志在北伐，频年出征，与曹魏交战，最后因病卒于五丈原。

诸葛氏作为琅琊望族，至诸葛亮一代就已树立起严谨刚正的严格家风。诸葛亮的先祖诸葛丰曾在西汉末年官至司隶校尉，他不顾贪官污吏横行的现实，忠于职守，严厉打击奸佞，还不惜因此得罪皇帝被贬为庶人。公元234年，蜀汉丞相诸葛亮兵出武功山后，忧心忡忡地给远在东吴的兄长诸葛瑾写信说："瞻（诸葛瞻，诸葛亮之子）今已八岁，聪慧可爱，嫌其早成，恐不为重器耳。"诸葛亮一生为国，鞠躬尽瘁，死而后已。他为了蜀汉国家事业日夜操劳，顾不上亲自教育儿子，于是写下这篇著名的《诫子书》告诫诸葛瞻。

诸葛亮老来得子，虽对孩子疼爱万分，但又清醒地认识到儿子未经世事磨砺，终究难成大器。因而在离世前写下的《诫子书》中开篇即言："夫君子之行，静以修身，俭以养德。"诸葛亮总结自己全部的人生经验，要求儿子从思想上静心、立志，从行为上勤学、广才，希望儿子将来能成为国家栋梁。诸葛亮不仅极力劝勉后代要"俭以养德"，当时位极人臣的他也是身体力行，堪为表率。在五丈原逝世前夕，诸葛亮向后主刘禅上表托付后事。他在这份遗表里着重报告了自己家中留下财产的详细情况："臣家成都有桑八百株，薄田十五顷……若臣死之日，不使内有余帛，外有盈财。"之后，诸葛亮向长史杨仪等人留下遗命，身后葬在汉中定军山下，借助山势作坟，墓冢大小够容纳棺材就行，殓葬时穿平时的衣服，不需要其他陪葬的器物。在诸葛亮的言传身教下，诸葛瞻一生亦为蜀汉鞠躬尽瘁，最终带着长子以身殉国。

　　古代家训，大都浓缩了作者毕生的生活经历、人生体验和学术思想等方面内容，不仅他的子孙从中获益颇多，就是今人读来也大有可借鉴之处。三国时蜀汉丞相诸葛亮被后人誉为"智慧之化身"，其《诫子书》也可谓是一篇充满智慧之语的家训，是古代家训中的名作。文章阐述修身养性、治学做人的深刻道理，可以看作是诸葛亮对其一生的总结，后来更成为修身立志的名篇。《诫子书》的主旨是劝勉儿子勤学立志，修身养性要从淡泊宁静中下功夫，最忌怠惰险躁。文章概括了做人治学的经验，着重围绕一个"静"字加以论述，同时把失败归结为一个"躁"字，对比鲜明，警示我们要不断加强道德修养，经常反省自己的行为，检点自己的作风，不断克服自私自利、贪图安逸的劣性，克服自我迁就、自我放纵的心理，抑制私欲和杂念，不因金钱而变节，不因功名而浮躁，不因小节而失足。

30. 王昶《诫子书》：朝华之草，夕而零落；松柏之茂，隆寒不衰

## 典故出处

### 三国·王昶《诫子书》

夫人为子之道，莫大于宝身全行，以显父母。此三者人知其善，而或危身破家，陷于灭亡之祸者，何也？由所祖习非其道也。夫孝敬仁义，百行之首，行之而立，身之本也。孝敬则宗族安之，仁义则乡党重之，此行成于内，名著于外者矣。人若不笃于至行，而背本逐末，以陷浮华焉，以成朋党焉；浮华则有虚伪之累，朋党则有彼此之患。此二者之戒，昭然著明，而循覆车滋众，逐末弥甚，皆由惑当时之誉，昧目前之利故也。夫富贵声名，人情所乐，而君子或得而不处，何也？恶不由其道耳。患人知进而不知退，知欲而不知足，故有困辱之累，悔吝之咎。语曰："如不知足，则失所欲。"故知足之足常足矣。览往事之成败，察将来之吉凶，未有干名要利，欲而不厌，而能保世持家，永全福禄者也。欲使汝曹立身行己，遵儒者之教，履道家之言，故以玄默冲虚为名，欲使汝曹顾名思义，不敢违越也。古者盘杆有铭，几杖有诫，俯仰察焉，用无过行；况在己名，可不戒之哉！夫物速成则疾亡，晚就则善终。朝华之草，夕而零落；松柏之茂，隆寒不衰。是以大雅君子恶速成，戒阙党也。若范匄对秦客而武子击之，折其委笄，恶其掩人也。

作为晚辈，没有比保全自身端正行事更重要的，凭此来显扬父母。（保全自身、成就事业、显扬父母）这三样的好大家都知道，然而总有人身陷危难家庭破灭，沉沦在身死家亡的灾祸中，为什么会这样呢？因为他所遵行效法的准则不对。孝顺、恭敬、仁爱、道义，是行事的指南，按这些正确的准则行事才能站得稳，是立身的要本。孝顺、谨敬地对待长辈，宗族中就站得稳，仁爱、守义地对待别人，乡邻就会看重这样的人；这样在宗族乡邻之间行事就可以成就自己，也会在宗族同乡之外传出美名。人如果不坚守这正道行事，反而背离这立身之本追求眼前利益，就会使自己陷于短浅的浮华之中，就会使自己沉溺于狐朋狗友之中；陷于浮华就失于虚伪，溺于朋党就得彼此防备、彼此陷害。这两者的祸害，一目了然，因此受害的人却越来越多，追求眼前私利的人越来越多，都是因为人被当时的称赞迷了眼，被眼前的利益迷了心。富贵名声，本是人人都喜欢的，然而君子有时却得到了也不要，为什么？因为厌恶这些富贵名声不是遵循正道得来的。担心大家只知道向前却不知道后退，只知道追求却不知道满足，所以才会有困窘、悔恨。话说："如果不知道满足，就会失去你想要的。"所以知道满足的满足才是恒久的满足。看往事的成败，看后来的吉凶演变，没有追求名利不知满足，却能家世绵延、长保福禄的。就是想要孩子们行事立身，能遵循儒家、道家的教导行事，因此用玄、默、冲、虚这样的字给你们起名字，也就是想让你们想起自己的名字就思想其中的含义，不敢违背正道啊。古时候人们在常用的盘盂、几杖上面都刻上铭文诚训，时时查看提醒自己，不要做错事；更何况如今你们的名字中便有教训，怎么能不引为鉴戒呢！事物成就得快消亡得也就快，成就得晚就会有更好的结果。早上开的花，傍晚就凋零了；松柏的繁茂，经寒冬也不会衰亡。因此懂大道的君子厌恶速成的捷径，戒绝利益之交的朋友。像范文子答秦国使者却被范武子打了一顿，连发冠上的簪子都打断了，就是厌恶他出风头。

## 家风故事

### 夏明翰：砍头不要紧，只要主义真

夏明翰，湖南衡阳人，1900 年生于湖北秭归。他是湖南农民运动的发动组织者之一、无产阶级革命家和革命烈士。1928 年 3 月，夏明翰在武汉汉口余记里被杀，时年二十八岁。

1927 年 4 月 12 日，蒋介石在上海发动反革命政变，屠杀共产党人和革命群众。夏明翰怒火万丈，悲痛不已，他写道："越杀胆越大，杀绝也不怕。不斩蒋贼头，何以谢天下！"他投笔从戎，参加了第二次北伐的革命军，担任宣传部长，随军开到河南前线。1928 年初，中共中央调夏明翰去湖北省委工作。同年 3 月 18 日，夏明翰从谢觉哉处得知交通员宋若林不可靠的消息，返回汉口东方旅社准备转移时，宋若林带着军警将夏明翰逮捕。3 月 20 日，夏明翰被杀害。面对国民党反动派的凶残，他宁死不屈，在刑场挥笔写下了生命中最后的绝命诗："砍头不要紧，只要主义真。杀了夏明翰，还有后来人！"他用鲜血和生命捍卫了自己坚定的共产主义信念。这首共产党人的正气歌气壮山河，教育和激励了一代又一代的年轻人。

## 现代启示

人无精神不立，国无精神不强，党无精神不兴。习近平总书记强调，"对马克思主义的信仰，对社会主义和共产主义的信念，是共产党人的政治灵魂，是共产党人经受住任何考验的精神支柱"。夏明翰的就义诗"砍头不要紧，只要主义真"道出了我们党为什么能够历经挫折而不断奋起、历尽苦难而淬火成钢的根本原因，是中国共产党人的坚定理想信念、矢志不渝为之奋斗的真实写照。理想信念是共产党人精神上的"钙"，理想信念坚定，骨头就会硬，站位就会高，行动就坚决。没有理想信念或理想信念不坚定，就会失去方向、目标和定力，就会在精神上"缺钙"，得"软骨病"，就会政治上变质、经济上贪婪、生活上腐化、道德上堕落，就会在危险面前摇摇摆摆、东倒西歪，经不起风雨洗礼、苦难考验。我们要培育"革命理想高于天"的豪迈情怀，养成崇仰真理、追求高尚的真挚情感，在大风大浪中保持政治定力，"烈火焚烧若等闲""粉身碎骨全不怕"，坚守共产党人对党和人民的绝对忠诚，做到信念坚定永不灭，革命理想高于天。

## 31. 嵇康《家诫》：若志之所之，则口与心誓，守死无二

### 三国·嵇康《家诫》

人无志，非人也。但君子用心，所欲准行。自当量其善者，必拟议而后动。若志之所之，则口与心誓，守死无二。耻躬不逮，期于必济。若心疲体解，或牵于外物，或累于内欲；不堪近患，不忍小情，则议于去就。议于去就，则二心交争。二心交争，则向所以见役之情胜矣。或有中道而废，或有不成一匮而败之。以之守则不固，以之攻则怯弱。与之誓则多违，与之谋则善泄。临乐则肆情，处逸则极意。故虽繁华熠燿，无结秀之勋；终年之勤，无一旦之功。斯君子所以叹息也。

**译文**

一个人活着却心无所向，就算不上是一个真正的人。但凡君子在确认心之所向，并追求自己想要的东西时，都会遵守一定的行为准则。首先，你需要学会分别善恶、辨识好坏，谨慎确认自己真正想要做的事，一定要确认好了再行动。而一旦确认了心之所向，就要做到心口合一、言行一致，坚定不移，到死也不改变。你要坚持不懈，以无法践行理念为耻，则终有一天会实现自己的理想。如果在这过程中，你觉得身心俱疲，要么是被身外之物牵扯，要么是被内心不当的欲望拖累；它导致你忍受不了眼前的患难或心里小小的不快，想要放弃心中的志向。想放弃，心中就会挣扎，陷入天人交

战的境地。一旦心之所向与眼前的困境产生冲突，往往是眼前这种可控制凡人的情感取胜。由此，造成了半途而废甚至是功败垂成。这样的人，用他作防守不坚固，用他来进攻则太怯弱；与他定下誓约常常会被违背，而与他共同谋划常常被泄密；享乐时控制不住情欲，放松下来后就完全松懈。所以他虽然天资很好，看着繁华美丽，但不会出什么成果；一整年看似勤快，也不会有功成名就的一天。君子看到此，就不免为之叹息了。

**▎家风故事▎**

### 嵇绍忠勇牺牲的故事："此嵇侍中血，勿去"

嵇康临死前，将自己的儿女托付给了山涛，并且对自己的儿子嵇绍说："山公尚在，汝不孤矣。"嵇康死后，山涛对待嵇康的儿子就像对待自己的儿子一样。山涛没有辜负嵇康的重托，一直把嵇康的儿子嵇绍养大成才。这就是成语"嵇绍不孤"的由来。晋惠帝永平元年（291年），发生了西晋皇族内部争夺政权的"八王之乱"。在这场斗争中，有一次嵇绍随同惠帝与成都王司马颖作战，失败时，百官侍卫全部逃散，只有嵇绍以身体保护晋惠帝，被杀身死，血溅皇帝的龙袍。当战争平定后，有人要为晋惠帝洗衣时，惠帝不让洗去嵇绍留下的血迹，以表永怀不忘之意。后引用为颂咏忠勇牺牲精神气质的典故。

**▎现代启示▎**

纸上得来终觉浅，绝知此事要躬行。真正的学习是"学以致用、知行合一"，在学习中静下心学懂弄通，把知识转化为动能，把学习成果转化为解决实际问题的能力，做起而行之的行动者，不做坐而论道的清谈客。要在知行合一中主动担当作为，真抓实干、做实干家，在摸爬滚打中增长才干，在层层历练中积累经验，当攻坚克难的奋斗者、不当怕见风雨的泥菩萨。理论的价值在于指导实践，理论学习的目的也在于实践运用。学以致用、知行合一不仅是学风问题，更是道德问题，说一套做一套、表里不一的是德性缺失的两面之人。要做到学以致用、知行合一，必须言行一致、身心不二，使得自己的所言所行、所学所用，进入到思想灵魂中、落实到指导工作中、体现在履行使命的具体实践中。

## 32. 李密《陈情表》：圣朝以孝治天下

**典故出处**

### 魏晋·李密《陈情表》

臣密言：臣以险衅，夙遭闵凶。生孩六月，慈父见背；行年四岁，舅夺母志。祖母刘愍臣孤弱，躬亲抚养。臣少多疾病，九岁不行，零丁孤苦，至于成立。既无伯叔，终鲜兄弟，门衰祚薄，晚有儿息。外无期功强近之亲，内无应门五尺之僮，茕茕孑立，形影相吊。而刘夙婴疾病，常在床蓐，臣侍汤药，未曾废离。

逮奉圣朝，沐浴清化。前太守臣逵察臣孝廉，后刺史臣荣举臣秀才。臣以供养无主，辞不赴命。诏书特下，拜臣郎中，寻蒙国恩，除臣洗马。猥以微贱，当侍东宫，非臣陨首所能上报。臣具以表闻，辞不就职。诏书切峻，责臣逋慢。郡县逼迫，催臣上道；州司临门，急于星火。臣欲奉诏奔驰，则刘病日笃；欲苟顺私情，则告诉不许：臣之进退，实为狼狈。

伏惟圣朝以孝治天下，凡在故老，犹蒙矜育，况臣孤苦，特为尤甚。且臣少仕伪朝，历职郎署，本图宦达，不矜名节。今臣亡国贱俘，至微至陋，过蒙拔擢，宠命优渥，岂敢盘桓，有所希冀。但以刘日薄西山，气息奄奄，人命危浅，朝不虑夕。臣无祖母，无以至今日；祖母无臣，无以终余年。母、孙二人，更相为命，是以区区不能废远。

臣密今年四十有四，祖母今年九十有六，是臣尽节于陛下之日长，报养刘之日短也。乌鸟私情，愿乞终养。臣之辛苦，非独蜀之人士及二州牧伯所见明知，皇天后土实所共鉴。愿陛下矜悯愚诚，听臣微志，庶刘侥幸，保卒余年。臣生当陨首，死当结草。臣不胜犬马怖惧之情，谨拜表以闻。

## ▌译文▐

臣子李密陈言：我因为命运不好，很早就遭遇了不幸。刚出生六个月，我慈爱的父亲就去世了。长到四岁，舅舅就逼迫母亲改嫁。祖母刘氏可怜我孤苦弱小，便亲自加以抚养。臣小的时候经常生病，九岁时还不会行走，始终孤独无依，直到长大成人。既没有叔叔伯伯，也没有哥哥弟弟，门庭衰微福分又浅，很晚才有了儿子。外面没有关系比较亲近的亲戚，家里也没有照应门户的童仆。一人孤单地独自生活，只有影子做伴。而祖母刘氏很久前就疾病缠身，经常躺在床上不能起身。臣早晚服侍饮食药物，从来就没有停止侍奉而离开她。

到了圣明的朝代，臣身受清明的教化。起初有太守逵推选臣为孝廉，后来刺史荣又举荐臣为秀才。臣因没有人供养祖母，辞谢不接受任命。朝廷又特地下了诏书，任命臣为郎中。不久又蒙受国恩，任命臣为太子洗马。像我这样出身微贱地位卑下的人，担当侍奉太子的职务，这实在不是臣杀身捐躯所能报答的。臣将以上苦衷上表报告，推辞不去就职。但是诏书急切严厉，责怪臣回避怠慢；郡县长官催促逼迫，命令臣即刻启程；州的长官也登门督促，比流星坠落还要急迫。臣想手捧诏书马上赶路，但因祖母刘氏的病一天比一天重，就想姑且迁就自己的私情，但被告知不被允许。臣的处境进退两难，实在狼狈不堪。

我俯伏思量圣明的朝代是用孝道来治理天下的，凡是年老而德高的旧臣，尚且还受到怜悯养育，何况臣的孤苦又特别严重呢。况且臣年轻时曾经做过蜀汉的官，历任郎官衙署之职，本来就希望做官显达，并不顾惜名声节操。现在我是一个低贱的亡国俘虏，十分卑微浅陋，受到过分提拔，恩宠优厚，怎敢犹豫不决而有非分的企求呢？只是因为祖母刘氏已像迫近西山的落日，气息微弱，生命垂危，到了早晨不知傍晚的境地。臣如果没有祖母，就不会活到现在；祖母如果没有臣的照料，也就不能安度余生。我们祖孙二人，此时更是相依为命，正是出于这种内心的恳切之情才无法离去远行。

臣李密今年四十四岁，祖母刘氏今年已九十六岁，因此臣为陛下效劳尽节的日子还长着，而报答祖母的日子已经不多了。我怀着乌鸦反哺的私情，乞求能够准许臣完成对祖母养老送终的心愿。臣的辛酸苦楚，不单是蜀地的百姓及益、梁二州的长官所耳闻目睹，就连天地神明也都看得清清楚楚。希望陛下能怜悯臣愚拙的诚心，请允许臣完成一点小小的心愿，祖母刘氏或许能因此有幸安度余生。臣活着愿杀身报效朝廷，死了也要结草来报答陛下的恩情。臣怀着牛马一样不胜恐惧的心情，恭敬地呈上此表来使陛下知道这件事。

**┃家风故事┃**

### 黄香扇枕温衾的故事

黄香，东汉江夏安陆人，九岁丧母，事父极孝。酷夏时为父亲扇凉枕席；寒冬时用身体为父亲温暖被褥。少年时即博通经典，文采飞扬，京师广泛流传"天下无双，江夏黄香"。安帝（107—125年在位）时任魏郡（今属河北）太守，魏郡遭受水灾，黄香尽其所有赈济灾民。著有《九宫赋》《天子冠颂》等。

## ▌现代启示▐

古人说："欲治其国者，先治其家"，修身、齐家，才能治国、平天下，足见齐家的重要性。反过来想想，如果家风不正，放纵自己的家人肆意妄为、搜刮敛财，这个人会清正廉洁吗？因此，家庭不仅是拒腐防变的一道重要防线，更是预防和抵制腐败的重要阵地。家庭是社会的细胞，家风是社会风气的载体。优良的家风，必然立足于亲情，而维系亲情亲密和睦的，必然是作用于家庭成员之间的互爱互敬、谦恭礼让、克己利他、孝悌诚信等行为。一个人在家里尊老爱幼，谦恭礼让，克勤克俭，他就能以家里的表现作用于社会；反之，一个人在家里没规没矩，无情无义，耍奸使坏，在单位上、社会上能好到哪里去？因此，我们要义不容辞地承担起培养良好家风的重任。一方面要培养勤俭持家的家风。勤劳是财富之源，节俭乃持家之本，在家庭要鼓励劳动，崇尚节俭，力戒懒惰奢侈，多与他人比修养、比勤俭，少与他人比阔气、比享受。另一方面要培养孝悌仁义的家风。以孝悌为本，以仁义为根。孝敬父母，关爱兄弟，帮助弱小，并把这种爱推而广之。

## 33.陶渊明《与子俨等疏》：开卷有得，便欣然忘食

### 魏晋·陶渊明《与子俨等疏》

告俨、俟、份、佚、佟：

天地赋命，生必有死，自古圣贤，谁独能免？子夏有言曰："死生有命，富贵在天。"四友之人，亲受音旨，发斯谈者，将非穷达不可妄求，寿夭永无外请故耶？

吾年过五十，少而穷苦，每以家弊，东西游走。性刚才拙，与物多忤，自量为己，必贻俗患，黾勉辞世，使汝等幼而饥寒。余尝感孺仲贤妻之言，败絮自拥，何惭儿子。此既一事矣。但恨邻靡二仲，室无莱妇，抱兹苦心，良独罔罔。少学琴书，偶爱闲静，开卷有得，便欣然忘食。见树木交荫，时鸟变声，亦复欢然有喜。常言五六月中，北窗下卧，遇凉风暂至，自谓是羲皇上人。意浅识罕，谓斯言可保。日月遂往，机巧好疏。缅求在昔，眇然如何。

疾患以来，渐就衰损，亲旧不遗，每以药石见救；自恐大分将有限也。汝辈稚小家贫，每役柴水之劳，何时可免？念之在心，若何可言！然汝等虽不同生，当思四海皆兄弟之义。鲍叔、管仲，分财无猜；归生、伍举，班荆道旧。遂能以败为成，因丧立功。他人尚尔，况同父之人哉！颍川韩元长，汉末名士，身处卿佐，八十而终，兄弟同居，至于没齿。济北氾稚春，晋时操行人也，七世同财，家人无怨色。《诗》曰："高山仰止，景行行止。"虽不能尔，至心尚之。汝其慎哉，吾复何言。

## ▌译文▐

告诉俨、俟、份、佚、佟诸子：

天地赋予人类以生命，有生必定有死。自古至今，即便是圣贤之人，谁又能逃脱死亡呢？子夏曾经说过："死生之数自有命定，富贵与否在于天意。"孔子四友之辈的学生，亲身受到孔子的教诲。子夏之所以讲这样的话，岂不是因为人的穷困和显达不可非分地追求，长寿与短命永远不可能在命定之外求得的缘故吗？

我已经年过五十，年少时即受穷苦，家中常常贫乏，不得不在外四处奔波。我性格刚直，无逢迎取巧之能，与社会人事多不相合。自己为自己考虑，那样下去必然会留下祸患。于是我努力使自己辞去官场世俗事务，因而也使你们从小就过着贫穷饥寒的生活。我曾被王霸贤妻的话所感动，自己穿着破棉袄，又何必为儿子不如别人而惭愧呢？这个道理是一样的。我只遗憾没有求仲、羊仲那样的邻居，家中没有像老莱子妻那样的夫人，怀抱着这样的苦心，内心很是惭愧。我少年时曾学习弹琴、读书，间或喜欢悠闲清静，打开书卷，心有所得，便高兴得连饭也忘记吃了。看到树木枝叶交错成荫，听见候鸟不同的鸣声，我也十分高兴。我常常说，五六月里，在北窗下面躺着，遇到凉风一阵阵吹过，便自认为是伏羲氏以前的古人了。我的思想单纯，见识稀少，认为这样的生活可以保持下去。时光逐渐逝去，逢迎取巧那一套我仍十分生疏。要想恢复过去的那种生活，希望又是多么渺茫！

自从患病以来，身体逐渐衰老，亲戚朋友们不嫌弃我，常常拿来药物给我医治，我担心自己的寿命将不会很长了。你们年纪幼小，家中贫穷，常常担负打柴挑水的劳作，什么时候才能免掉呢？这些事情总是牵挂着我的心，可是又有什么可说的呢！你们兄弟几人虽然不是一母所生。但应当理解普天下的人都是兄弟的道理。鲍叔和管仲分钱财时，互不猜忌；归生和伍举久别重逢，便在路边铺上荆条坐下畅叙旧情；于是才使得管仲在失败之中转向成功，伍举在逃亡之后回国立下功劳。他们并非亲兄弟尚且能够这样，何况你们是同一父亲的儿子呢！颍川的韩元长，是汉末的一位名士，身居卿佐的官职，享年八十岁，兄弟在一起生活，直到去世。济北的氾稚春，是晋代一位品行高尚的人，他们家七代没有分家，共同拥有财产，但全家人没有不满意的。

《诗经》上说："对古人崇高的道德则敬仰若高山，对古人的高尚行为则效法和遵行。"虽然我们达不到那样高的境界，但应当以至诚之心崇尚他们的美德。你们要谨慎做人啊，我还有什么话好说呢！

## 家风故事

### 陶渊明：不为五斗米折腰

陶渊明，晋宋时期诗人、辞赋家、散文家。一名潜，字元亮。出生于一个没落的仕宦家庭。曾祖陶侃是东晋开国元勋，祖父做过太守，父亲早死，母亲是东晋名士孟嘉的女儿。二十岁开始宦游生涯，四十岁时因"不为五斗米折腰"，辞官归隐。

东晋末年，时局动荡不安。陶渊明看不惯当时政治的腐败，便在家乡隐居。后来，陶渊明的生活越来越穷苦，仅靠耕种田地，实在养活不了一家老少。亲戚朋友都劝他出去谋个一官半职，迫于生计，他只好答应了。当地官府听说陶渊明很有文才，不久就推荐他在大将刘裕手下做了个参军。但陶渊明看到那些官员互相倾轧，争权夺利，心里十分厌恶，便请求出去做个地方官，上司就把他派到彭泽（今江西彭泽县）当县令。有一天，郡里派了一名督邮到彭泽县视察。这个督邮是个粗俗而又傲慢的人，平时倚仗太守的宠信，在乡里作威作福。他一到彭泽县的官驿，就趾高气扬地让陶渊明去拜见他。县里的小吏听到这个消息，连忙向陶渊明报告。当时，陶渊明正在他的内室里捻着胡子吟诗，听说督邮来了，十分扫兴，勉强放下诗卷，准备跟小吏一起去见督邮。小吏一看他身上穿的还是便服，吃惊地说："大人，督邮来了，您应该换上官服，束上带子去拜见才好，怎么能穿着便服去呢？你这样有失体统，他会在郡太守面前说你的坏话的。"一向正直清高的陶渊明向来看不惯这种倚官仗势的人，一听小吏说还要穿起官服对这个督邮行拜见礼，就更受不了。他长叹一口气，高声说道："我宁可饿死，也不愿为了这五斗米的官俸，去向那种势利小人鞠躬作揖。"说完，他索性把身上的印绶解下来封好，并且写了一封辞职信，一并交给了小吏，离开了只当了83天县令的彭泽，辞官归田了。就这样，陶渊明从此再也没有做过官。

## ▌现代启示▐

毛泽东同志曾鲜明指出："学风问题是领导机关、全体干部、全体党员的思想方法问题，是我们对待马克思列宁主义的态度问题，是全党同志的工作态度问题。既然是这样，学风问题就是一个非常重要的问题，就是第一个重要的问题。"对我们每个人来说，学习都是重要的，我们常说学习是安身立命的本钱，非学无以广才、非学无以明识。习近平总书记也强调"学习是成长进步的阶梯"。因此，领导干部不可有书生气，但不可无书卷气。领导干部的"书卷气"能够体现领导干部好学上进、勤学善思和博览群书的学习水平，能够展示领导干部在处理各种纷繁复杂矛盾和问题时的应变机智和政策水平，能够崭露领导干部高雅脱俗、心清气正、行高于众的政治品格。领导干部如果多些"书卷气"，就会把更多的心思用于琢磨工作琢磨事业琢磨科学发展，就可以站得更高，看得更远，想得更深，从而真正自觉地卓有成效地贯彻执行党的路线方针政策。实践也表明，凡是作风好的领导干部无不表现出孜孜以求的学习精神，作风不好的领导干部根本原因在于学习不勤奋、修养不到位。新时代领导干部要牢固树立终身学习的理念，把学习作为一种政治责任、一种精神追求、一种健康的生活方式，挤时间学习，下功夫学习，在学习中夯实坚定理想信念的真理支撑，在学习中汲取提升思想境界的精神滋养。

## 34.陶母责子：封坛退鲊

**┃典故出处┃**

### 《世说新语》

陶公少时作鱼梁吏，尝以一坩鲊饷母。母曰："此何来？"使者曰："官府所有。"母封酢付使反书，责侃曰："汝为吏，以官物见饷，非惟不益，乃增吾忧也。"

**┃译文┃**

陶侃年纪轻时担任负责河道和渔业的官吏。他曾经把一陶罐腌鱼赠送给母亲。他的母亲说："这是从哪里来的？"使者说："是官府所拥有的。"母亲将腌鱼封好并且回信，责备陶侃说："你身为官吏，把公物赠送给我，这样做不仅没有好处，反而增添了我的忧愁啊！"

**┃家风故事┃**

### 陶母教子的故事

陶侃，东晋时期名将。陶侃出身贫苦，少年丧父，在陶母的悉心教诲下，养成了好学、勤奋、清廉的优秀品质。后学有所成，出仕为官。他从县吏做起，一直做到荆江二州刺史，都督八州诸军事，封长沙郡公。咸和九年（334年）去世，年七十六，获赠大司马，谥号桓。陶侃从军30余年，多次平定战乱，为稳定东晋政权立下赫赫战功；他精勤于吏职，不喜饮酒、赌博，为人所称道；他治下的荆州，史称"路不拾遗"。

陶侃能有如此成就，与他的母亲的谆谆教诲是分不开的。其母湛氏生下陶侃没几年，丈夫便病逝。从此，家道中落，一蹶不振。由于孤苦无依，湛氏只好携带幼小的陶侃回娘家，以纺织为生，供陶侃读书。由于陶侃读书万卷，精通兵法，后被太守范逵荐为县令。

陶侃在踏上仕途赴任之际，湛氏把儿子叫到跟前，语重心长地说："侃儿，为娘苦了一世，总算看到你有了出头之日。但望我儿做一个清正之人，不可误国害民。为娘拿不出什么东西为儿饯行，就送你三件土物吧。"湛氏拿出一个事先准备好的包袱递给陶侃说："带上它吧，到时你自会明白的。"来到官府后，陶侃打开包袱一看，只见里面包着一坯土块、一只土碗和一块白色土布。他先是一怔，过了一会儿，才慢慢领悟到母亲的用意。原来一坯土块是教儿永记家乡故土；一只土碗，是教儿莫贪图荣华富贵，要保持自家本色；这一块白色土布，更是教儿为官要尽心恤民，廉洁自奉，清清白白，永不忘本。母亲的箴告，深深打动了陶侃的心。后来陶侃在仕途上果如湛氏所望，清白做人，廉洁为官，勤于政事，多为国家做有益的工作。后人赞曰："世之为母者如湛氏之能教其子，则国何患无人材之用？而天下之用恶有不理哉？"

## 现代启示

如何对待权力，对领导干部是一个考验。权力是一把双刃剑，用它来干事创业、服务人民，就能创造业绩，造福于民；用它来谋取私利，势必贻误事业，害人害己，最终砍倒自己。领导干部手中的权力是人民赋予的，必须始终用来为国家和人民谋利益，而不能把它变成谋取个人或少数人利益的工具。在新的历史条件下，领导干部一定要经常给自己念好"紧箍咒",树立正确的权力观,强化公仆意识,时刻把人民的利益放在第一位,把人民赋予的权力用来为人民办好事、办实事、办大事,绝不能利用手中的权力办私事、办错事、办歪事、办坏事。领导干部只有在小节上严格要求自己,大事方面才能过得硬。古人云:"勿以善小而不为,勿以恶小而为之","万分廉洁只是小善,一点贪污便为大恶",说的就是这个道理。领导干部必须守住做人为官的底线,管住自己的小节,从一点一滴做起,从严要求自己,防微杜渐,始终做到耐得住寂寞,守得住清贫,经得住诱惑,抗得住侵蚀,始终保持共产党人的浩然正气。

## 35. 王祥《训子孙遗令》：此五者，立身之本

### |典故出处|

晋·王祥《训子孙遗令》

夫言行可覆，信之至也；推美引过，德之至也；扬名显亲，孝之至也；兄弟怡怡，宗族欣欣，悌之至也；临财莫过乎让。此五者，立身之本。

### |译文|

说和做能一致且经得住时间的考验，是诚信的最高境界；把荣誉让给他人，把责任留给自己，是德行的最高境界；自己修德、立业、扬名，使自己的父母名扬尊显，是孝的最高境界；兄弟相处融洽，家族和睦兴旺是悌的最高境界；面对财物最好的态度是能够谦让。这五个方面，是人立身处世的根本。

### |家风故事|

#### 王祥"卧冰求鲤"的故事

王祥，晋朝琅琊人，性至孝。其母早亡，继母朱氏，生子王览。朱氏偏爱亲生儿子，常令王祥干重活、吃糙饭。但王祥对父母孝敬，从不懈怠。父母生病，王祥衣不解带，日夜照顾，汤药必先尝后进。继母要吃鲜鱼，天寒地冻，无处购买。王祥冒着凛冽寒

风，在河上脱衣卧冰，冰被暖化了，冰下竟跃出两条鲤鱼，他高兴地拿回家孝敬继母。这件事，深深地感动了继母。继母死后，王祥十分悲痛，依礼安葬。王祥对其弟王览十分爱护，王览对兄长特别尊敬，兄友弟恭，远近闻名，时人把他们的居处称作"孝悌里"。

## 现代启示

言行一致、知行合一是传统修身之道至关重要的一个环节。它强调理论上的认知要落实到人的实际行为上来，只有这样，修身才有实际的效果和意义，否则，只是"徒为空言"。《周易·系辞下》中说："履，德之基也。"就是说，践履是增进德行的根基。《荀子·儒效》中也讲道，"不闻不若闻之，闻之不若见之，见之不若知之，知之不若行之，学至于行之而止矣"，这是强调"行"的重要性。王阳明在《传习录》中指出，"真知即所以为行，不行不足谓之知""未有知而不行者，知而不行只是未知"，这是强调知与行的合一。"知"一定要落实于"行"之上，做到了才算真正的"知"，不然，就只是"口言善，身行恶，国妖也"。"知行合一"反映在党和国家工作中，就是我们党的理论联系实际的优良作风。理论联系实际就是要求理论上的认识要符合客观事实，要能正确地反映实际情况，从而做到理论与实际的统一。在此基础上，理论才能正确地指导实践，实践才能进一步促进理论的发展，形成良性循环，从而使主观世界与客观世界相符合。由此，才能更好地认识世界和改造世界，才能更好地完成党的使命任务。

## 36.《晋书·祖逖传》：闻鸡起舞

### 典故出处

**《晋书·祖逖传》**

祖逖，东晋人也，有大志，常欲光复中原。后与刘琨俱为司州主簿，情好绸缪，共被同寝。中夜闻荒鸡鸣，祖蹴琨觉，曰："此非恶声也！"因起舞庭中。后渡江，募士铸兵，欲扫清中原。

### 译文

祖逖是东晋人，他年轻时就胸怀大志，常常希望能够收复中原失地。后来他与刘琨一起担任司州的主簿，两人交情很好，常常共被而眠。夜半时听到鸡鸣，祖逖踢醒刘琨，说："这不是令人厌恶的声音。"于是起床练剑。渡江以后，他招募勇士，铸造兵器，打算将胡人逐出中原。

### 家风故事

#### 祖逖：中流击楫的故事

西晋末年，王朝内部发生"八王之乱"，皇族之间为了争夺政权，进行你死我活的争斗。内乱期间，北方一些少数民族的贵族乘机称王称帝，攻略中原。西晋的官吏百姓纷纷逃向江南躲避战乱。当时祖逖也带着几百户族人渡过黄河，南迁淮河流域。南迁途中，祖逖与族人同甘共苦，赢得了大家的信任。加上他有指挥才能，大家一致推他当首领。几经辗转，最后他率领大众来到京口。当时，晋朝在北方已经失去势力，但驻守在建业的琅琊王司马睿，还保存着一些兵力，掌握着江南地区的军政大权。他任命祖逖为军咨祭酒。祖逖几次请兵北伐，司马睿都没有答复。后来，司马睿象征性地支持他北伐。于是他马上返回京口，率领自己100多家部属，横渡长江到北岸去。船行进到中流时，祖逖望着滚滚东去的江水和原野茫茫的江北，心潮澎湃，热血沸腾。他猛地站起来，举起手中的船桨，叩着船舷，激昂地起誓道："我祖逖这回要是不能收复中原，就像这大江之水，有去无回！"祖逖中流击楫，对天发誓，这豪迈壮烈的气概，使部属们深受感动。大家决心跟着他出生入死，收复中原。在这种精神的激励下，他的队伍越来越发展壮大，没有多久，黄河以南的地方差不多都被他的队伍收复。

## ▍现代启示▍

担当，就是承担并负起责任，是一种对人民、对事业高度负责的精神，是一种迎着风险上、顶着压力干、克服困难冲的大无畏气魄。敢于担当的内涵非常丰富，它体现的是一种精神境界，是勇于担责、敢于负责、忠诚履责的写照；表现的是一种工作状态，是敢抓敢管、敢闯敢干、干事创业的优良作风；彰显的是一种人文情怀，是无私无畏、克己奉公、乐于奉献的意志品质。古往今来，数不清的仁人志士"事不避难，义不逃责"，延续和光大了中华文明的五千年辉煌。顾炎武讲"天下兴亡，匹夫有责"，这是为天下担当；林则徐讲"苟利国家生死以，岂因祸福避趋之"，这是为国担当；孟子讲"穷则独善其身，达则兼济天下"，这是为民担当；就连普通的老百姓，也经常讲"一人做事一人当"，这是个人的担当。鲁迅先生说过："我们从古以来，就有埋头苦干的人，有拼命硬干的人，有为民请命的人，有舍身求法的人……这就是中国的脊梁。"这里所说的"脊梁"就是敢于担当的人。翻开历史，敢于担当的事例举不胜举，大禹治水"三过家门而不入"，屈原为国操劳"虽九死犹未悔"，诸葛亮"鞠躬尽瘁，死而后已"，祖逖为收复中原"闻鸡起舞"，范仲淹"先天下之忧而忧，后天下之乐而乐"，文天祥"人生自古谁无死，留取丹心照汗青"，于谦"粉身碎骨浑不怕，要留清白在人间"，谭嗣同自请为变法流血牺牲，孙中山"勇往直前，以浩气赴事功，置死生于度外"，鲁迅"我以我血荐轩辕"，等等，彰显的都是中华民族敢于担当的传统美德，生动诠释了中华民族敢于担当的内在禀赋，成为引领和激励我们担当使命、勇挑重担的共同价值追求。

## 37.《颜氏家训·教子》：中庸之人，不教不知也

**典故出处**

### 《颜氏家训·教子》

上智不教而成，下愚虽教无益，中庸之人，不教不知也。古者圣王，有"胎教"之法，怀子三月，出居别宫，目不邪视，耳不妄听，音声滋味，以礼节之。书之玉版，藏诸金匮。子生咳提，师保固明孝仁礼义，导习之矣。凡庶纵不能尔，当及婴稚识人颜色、知人喜怒，便加教诲，使为则为，使止则止，比及数岁，可省笞罚。父母威严而有慈，则子女畏慎而生孝矣。

**译文**

上等聪明的人不用教育就能成才，极度愚蠢的人即使教育再多也不起作用，只有绝大多数普通人要教育，不教就不知。古时候的圣王，有"胎教"的做法，怀孕三个月的时候，出去住到别的好房子里，眼睛不能斜视，耳朵不能乱听，听音乐吃美味，都要按照礼义加以节制，还得把这些写到玉版上，藏进金柜里。到胎儿出生还在幼儿时，担任"师"和"保"的人，就要讲解孝、仁、礼、义，来引导学习。普通老百姓家纵使不能如此，也应在婴儿识人脸色、懂得喜怒时，就加以教导训诲，叫做就得做，叫不做就得不做，等到长大几岁，就可省免鞭打惩罚。只要父母既威严又慈爱，子女自然敬畏谨慎而有孝行了。

## 《颜氏家训》:"古今家训,以此为祖"

颜之推(531—约595年),字介,祖籍琅琊临沂(今山东临沂),出身于随晋元帝南渡的世族之家,为孔子得意门生颜回的第35世孙,官至北齐黄门侍郎。生逢乱世,历经南梁、西魏、北齐、北周、隋五朝,在《观我生赋》中,颜之推用"一生而三化,备荼苦而蓼辛"感慨自身经历。饱经乱世忧患后,颜之推晚年以"述立身治家之法,辨正时俗之谬"的现实关怀,著成《颜氏家训》,用他对人情世风、文化学术的深刻反思和独到见解,为后世子孙提出了立身、治家、处事、为学等方面的方法、主张和训诫。《颜氏家训》共20篇,是颜之推为了教训子孙,保持家族的传统与地位,而写出的一部系统完整的家庭教育教科书。这是他一生关于士大夫立身、治家、处事、为学的经验总结,后世称此书为"家教规范",享有"古今家训,以此为祖"的美誉。《颜氏家训》意义深远,颜氏子孙亦深受其涵养,在操守与才学方面都有过人表现。在颜氏宗谱中,除了以书法和仁义扬名后世的颜真卿,学问事功两称不朽、注解《汉书》的颜师古,凛然大节、以身殉国的颜杲卿等,都给后人留下了不同凡响的深刻印象,足以证明其祖所立家训之效用彰著。《颜氏家训》为今人整治家风、涵养正气、制定家训提供了榜样和范本。

## | 现代启示 |

家训是我国的特色传统文化,有着深厚的文化底蕴和传承价值。在传承至今的诸多家训中,《颜氏家训》虽历千余年而不佚,对后世影响深远。《颜氏家训》全书七卷,包括《教子》《治家》《慕贤》《勉学》等共20篇。《教子》篇中,颜之推表示:"父母威严而有慧，则子女畏慎而生孝矣。"《治家》篇中，颜之推提出："夫风化者，自上而行于下者也，自先而施于后者也。是以父不慈则子不孝，兄不友则弟不恭，夫不义则妇不顺矣。"《慕贤》篇中，颜之推写道："是以与善人居，如入芝兰之室，久而自芳也；与恶人居，如入鲍鱼之肆，久而自臭也。""结交胜己。"在《勉学》篇，颜之推以古代、当代勤学的故事勉励后世，认为："幼儿学者，如日出之光，老而学者，如秉烛夜行。""观天下书未遍，不得妄下雌黄。""积财千万，无过读书。""积财千万，不如薄技在身。"这些思想，及至当下，依旧闪耀着智慧的光芒，有深刻的现实意义。

在《颜氏家训》的影响下，家训成为中国传统文化的一大特色。后世制定家训，莫不受到《颜氏家训》的影响。宋代朱熹所著《小学》，清代陈宏谋撰写《养正遗规》，都曾取材于《颜氏家训》。历代学者更是对《颜氏家训》给予了至高评价：宋代陈振孙称其为"古今家训，以此为祖"，明人袁衷表示"六朝颜之推家法最正，相传最远"，清代学者王钺也认为颜氏家训"篇篇药石，盲言龟鉴"……这些评价显出《颜氏家训》对中国古代家庭教育的影响及其在中国古代教育史上的地位。从文化建设的角度讲，《颜氏家训》中立身、治家、处事、为学等方面的方法、主张和训诫，这些思想及至当下，依旧闪耀着智慧的光芒，有深刻的教育意义。

## 38.《颜氏家训·勉学》：幼儿学者，如日出之光，老而学者，如秉烛夜行

### 《颜氏家训·勉学》

　　古之学者为己，以补不足也；今之学者为人，但能说之也。古之学者为人，行道以利世也；今之学者为己，修身以求进也。夫学者犹种树也，春玩其华，秋登其实；讲论文章，春华也，修身利行，秋实也。人生小幼，精神专利，长成已后，思虑散逸，固须早教，勿失机也。吾七岁时诵《灵光殿赋》，至于今日，十年一理，犹不遗忘；二十之外，所诵经书，一月废置便至荒芜矣。然人有坎壈，失于盛年，犹当晚学，不可自弃。孔子云五十以学易可以无大过矣，魏武、袁遗老而弥笃：此皆少学而至老不倦也。曾子十七乃学，名闻天下；荀卿五十，始来游学，犹为硕儒；公孙弘四十余方读《春秋》，以此遂登丞相；朱云亦四十始学《易》《论语》，皇甫谧二十始受《孝经》《论语》，皆终成大儒：此并早迷而晚寤也。世人婚冠未学，便称迟暮，因循面墙，亦为愚耳。幼而学者，如日出之光；老而学者，如秉烛夜行，犹贤乎瞑目而无见者也。

**译文**

　　古代求学的人是为了充实自己，以弥补自身的不足，现在求学的人是为了取悦他人，向他人炫耀；古代求学的人是为了他人，推行自己的主张以造福社会，现在求学的人是为了自身需要，涵养德

性以求做官。学习就像种果树一样，春天可以赏玩它的花朵，秋天可以摘取它的果实。讲论文章，就好比赏玩春花；修身利行，就好比摘取秋果。人在幼小的时候，精神专注敏锐，长大成人以后，思想容易分散，因此，对孩子要及早教育，不可错失良机。我七岁的时候，背诵《灵光殿赋》，直到今天，隔十年温习一次，还没有遗忘。二十岁以后，所背诵的经书，搁置在那里一个月，便到了荒废的地步。当然，人总有困厄的时候，壮年时失去了求学的机会，更应当在晚年时抓紧时间学习，不可自暴自弃。孔子说："五十岁时样习《易》，就可以不犯大错了。"魏武帝、袁遗，到老时学习得更加专心，这些都是从小到老勤学不辍的例子。曾子十七岁时才开始学习，最后名闻天下；荀子五十岁才开始到齐国游学，仍然成为大学者；公孙弘四十多岁才开始读《春秋》，后来终于当了丞相；朱云也是四十岁才开始学《易经》《论语》的，皇甫谧二十岁才开始学习《孝经》《论语》，他们最后都成了大学者。这些都是早年沉迷而晚年醒悟的例子。一般人到成年后还未开始学习，就说太晚了，就这样一天天混下去就好像面壁而立，什么也看不见，也够愚蠢了。从小就学习的人，就好像日出的光芒；到老年才开始学习的人，就好像拿着火把在夜间行走，但总比闭着眼睛什么都看不见的人强。

## 家风故事

### 梁灏：中国最年长的状元

梁灏出生于唐末五代时期，自幼好读书，勤奋聪慧，博览群书，成为当地有名才子。后晋乡试第三名，三十五岁时信心满满，进京考试，志在必得，但却意外名落孙山。但梁灏从不放弃，愈加勤奋学习，几乎每届科考均去参加，但却一直不中。五代时期战乱不断，重武轻文，朝代更替频繁，科考制度时断时续。直到宋太祖赵匡胤建立宋朝，重开科考。公元974年，赵匡胤收复南唐。此时梁灏已经八十二岁高龄，但仍去参加，这次终于得中进士，赵匡胤主持（南唐）殿试时以梁灏文采及满腹经纶，战胜众多进士被钦点为头名状元，骑马游街，全国上下无不称奇！但梁灏年岁已高，遂自己要求不再做官，宋太祖准其荣归故里，享受俸禄。自头次科考于后晋至宋，其共参加了四个朝代的科考，终于实现夙愿，自称："皓首穷经，少伏生八岁；青云得路，多太公二年。"此后，梁灏成为激励恒志、坚持不懈的学习榜样。《三字经》中说："若梁灏，八十二，对大庭，魁多士，彼既成，众称异，尔小生，宜立志！"

## 现代启示

英国哲学家培根曾说，读书足以怡情，足以傅彩，足以长才。其怡情也，最见于独处幽居之时；其傅彩也，最见于高谈阔论之中；其长才也，最见于处世判事之际。读史使人明智，读诗使人灵秀，数学使人周密，科学使人深刻，伦理学使人庄重，逻辑修辞之学使人善辩。凡有所学，皆成性格。无论是中国古代的"少年不知勤学苦，老来方悔读书迟"，还是西方先哲的"理想的书籍是智慧的钥匙"，都反映了书籍作为知识载体的巨大作用，表明了读书的重要性。在今天这个知识爆炸、社会飞速发展的时代，读书仍是我们获取知识的重要途径之一。多读书可以拓宽我们的知识面，提高我们的修养，增加我们的才能和智慧。因此，开卷有益应当成为每个人的格言。

梁灏八十二岁中状元是那个时代的悲哀，因为他生逢五代乱世，人生坎坷在所难免。但他的那种坚韧不拔的精神却是极为可贵的。在求学路上，如果人人都像梁灏那样孜孜不倦，为达到目标不惜追求到须发皆白，那么，即便最后不能功成名就，至少可以满腹经纶、垂名后世。这种坚毅的求学精神值得每个人称颂和学习。梁灏大器晚成的故事告诉我们：学习不在于年龄，人的一生是一个不断学习、不断完善的过程，只要正确对待，持之以恒，坚持不懈，就能达到你的目标，实现自己的理想。

39.《后汉书》：大丈夫处世，当扫除天下，安事一室乎？

## 典故出处

### 南朝·范晔《后汉书》

陈蕃字仲举，汝南平舆人也。祖河东太守。蕃年十五，尝闲处一室，而庭宇芜秽。父友同郡薛勤来候之，谓蕃曰："孺子何不洒扫以待宾客？"蕃曰："大丈夫处世，当扫除天下，安事一室乎？"勤知其有清世志，甚奇之。

## 译文

陈蕃，字仲举，是汝南平舆人。祖上是河东太守。陈蕃十五岁的时候，曾经独自居住一个屋子，可是院子厅堂里杂乱肮脏。他父亲同郡的朋友薛勤来看他，对他说："你怎么不打扫干净来接待客人呢？"陈蕃说："大丈夫活在世上，应当打扫天下，怎么是要打扫这一个小院子呢！"薛勤知道他有清理天下的志向，很惊奇。

## 家风故事

### 陈蕃：言为士则，行为世范

陈蕃（？—168年），字仲举。汝南平舆（今河南省平舆县）人。东汉时期名臣，与窦武、刘淑合称"三君"。少年时便有大志，师从于胡广。被举为孝廉，历郎中、豫州别驾从事、议郎、乐安太

129

守。因不应梁冀私请，被降为修武县令，后任尚书，又因上疏得罪宠臣而外放豫章太守，任内为政严峻，使吏民敬畏。后迁尚书令、大鸿胪，因上疏救李云被罢免。再拜议郎、光禄勋，与黄琬公平选举，因而遭诬告罢官。不久，被征为尚书仆射，转太中大夫。延熹八年（165年），升为太尉，任内多次谏净时事，再遭罢免。灵帝即位，为太傅、录尚书事，与大将军窦武共同谋划剪除宦官，事败而死。

陈蕃的一生，始终都处在宫廷争斗时的动荡之中。作为东汉的大臣，他要么与专权的外戚争锋，要么和弄事的宦官相抗。陈蕃作为汉室重臣为朝廷乱而不亡作出了的独特贡献。这其中，陈蕃不避强权、犯颜直谏的做法最让世人感叹。《世说新语》赞其："陈仲举言为士则，行为世范，登车揽辔，有澄清天下之志。"忠君、报国、辅社稷之危，面君直言，不避生死，体现了一位忠臣的拳拳心志，更体现出先贤的风范。在内忧外患的情况下，依然苦苦地支撑着，虽然最后的结果是捐躯死国，身首异处，但给后人留下的除了无尽的惋惜外，还有"大丈夫当扫除天下"而事未尽的悲壮。

## 现代启示

人，既要有修身齐家的情感，也要有治国平天下的志向。人的远大志向、斗争精神、斗争本领不是与生俱来的，而是通过长期实践逐步养成的。越是条件艰苦、困难大、矛盾多的地方，越能锤炼人。要在一线培养和保持顽强的斗争精神、坚韧的斗争意志、高超的斗争本领。要坚持有为才有位，突出实践、实干、实效，让那些想干事、能干事、干成事的人有机会有舞台，鲜明树立重实干重实绩的用人导向，对敢于负责、勇于担当、善于作为、实绩突出的人，要及时大胆用起来。志不立，则事不成。理想志向是人们前进的精神动力，是人们奋斗的不竭源泉，志高方能心胸开阔目光远达，志定方能不为声色犬马所惑，志坚方能勇往直前自强不息。我们要心有大我、至诚报国，淡泊名利、无私奉献，自觉把个人理想与祖国命运、个人志向与民族复兴紧紧联系起来，把爱国之情、报国之志融入建设祖国的伟大事业中，融入人民创造历史伟业的伟大奋斗中。

## 40. 徐勉《诫子崧书》：吾家本清廉，故常居贫素

### ▌典故出处▐

### 南朝·徐勉《诫子崧书》

吾家本清廉，故常居贫素。至于产业之事，所未尝言，非直不经营而已。薄躬遭逢，遂至今日，尊官厚禄，可谓备之。每念叨窃若斯，岂由才致，仰藉先门风范，及以福庆，故臻此尔。古人所谓"以清白遗子孙，不亦厚乎"？又云"遗子黄金满籯，不如一经"。详求此言，信非徒语。

吾虽不敏，实有本志，庶得遵奉斯义，不敢坠失。所以显贵以来，将三十载，门人故旧，亟荐便宜，或使创辟田园，或劝兴立邸店，又欲舳舻运致，亦令货殖聚敛。若此事众，皆距而不纳，非谓拔葵去织，且欲省息纷纭。中年聊于东田闲营小园者，非在播艺以要利人，正欲穿池种树，少寄情赏。又以郊际闲旷，终可为宅，傥获悬车致事，实欲歌哭于斯，慧日、十住等，既应营婚，又须住止。吾清明门宅，无相容处，所以尔者，亦复有以。前割西边，施宣武寺，既失西厢，不复方幅，意亦谓此逆旅舍耳，何事须华？常恨时人，谓是我宅。

古往今来，豪富继踵，高门甲第，连闼洞房，宛其死矣，定是谁室？为培娄之山，聚石移果，杂以花卉，以娱休沐，用托性灵，随便架立，不在广大，惟功德处，小以为好，所以内中逼促，无复房宇。近营东边儿孙二宅，乃藉十住南还之资，其中所须，犹为不少，既牵挽不至，又不可中途而废。郊间之园，遂不办保，货与韦黯，乃获百金，成

就两宅，已消其半。寻园价所得，何以至此，由吾经始历年，粗已成立，桃李茂密，桐竹成阴，塍陌交通，渠畎相属，华楼迥谢，颇有临眺之美，孤峰丛薄，不无纠纷之兴，渎中并饶菰蒋，湖里殊富芰荷。虽云人外，城阙密迩，韦生欲之，亦雅有情趣，追述此事，非有吝心，盖是笔势所至耳。

忆谢灵运山家诗云：中为天地物，今成鄙夫有。吾此园有之二十载矣，今为天地物，物之与我，相校几何哉？此吾所余，今以分汝，营小田舍，亲累既多，理亦须此。且释氏之教，以财物谓之外命，儒典亦称何以聚人曰财。况汝曹常情，安得忘此？闻汝所买姑熟田地，甚为舄卤，弥复可安。所以如此，非物竞故也。虽事异寝丘，聊可仿佛。孔子曰：居家理事，可移于官。既已营之，宜使成立，进退两亡，更贻耻笑。若有所收获，汝可自分赡内外大小，宜令得所，非吾所知，又复应沾之诸女耳。汝既居长，故有此及。凡为人长，殊复不易，当使中外谐缉，人无间言，先物后己，然后可贵。老生云："后其身而身先"。若能尔者，更招巨利，汝当自勖，见贤思齐，不宜忽略，以弃日也。弃日乃是弃身，身名美恶，岂不大哉？可不慎欤？今之所敕，略言此意，正谓为家已来，不事资产，既立墅舍，以乖旧业，陈其始末，无愧怀抱。

兼吾年时朽暮，心力稍殚，牵课奉公，略不克举，其中余暇，裁可自休，或复冬日之阳，夏日之阴，良辰美景，文案闲隙，负杖蹑履，逍遥陋馆，临池观鱼，披林听鸟，浊酒一杯，弹琴一曲，求数刻之暂乐，庶居常以待终，不宜复劳家间细务。汝交关既定，此书又行，凡所资须，付给如别，自兹以后，吾不复言及田事，汝亦勿复与吾言之。假使尧水汤旱，吾岂知如何？若其满庾盈箱，尔之幸遇，如斯之事，并无俟令吾知也。

《记》云："夫孝者，善继人之志，善述人之事。"今且望汝全吾此志，则无所恨矣。

## ▌译文▐

我家世代有清廉的家风，生活居处向来贫淡。至于说到购置产业，不但没有做过，连说都没有说过。这是我亲身经历的，一直到今天皆是如此。每每想到能获得如此高的职位，并非是由于我才能出众，这完全是靠我家清廉的门风以及祖宗的福德，才使我获得的。古人说：教诲子孙清白做人，这是最丰厚的遗产；又说：留给子孙一箱黄金，不如传给他一部儒家经典。细细想想这句话，绝不是空话。

我虽然比较愚钝，但也有自己的志向，就是希望将清白家风继承下去，不会中断。所以自从我获得高位这 30 年来，有的人劝我置办田产，有的劝我开设店铺，又要我置办一支船队搞运输，通过经商来积累钱财，对于这些建议，我一概拒绝不接受。这并非是要像鲁国公仪子那样拔掉自家栽培的冬葵，去掉自家从事的纺织，做到为官不与民争利。只是为了免除一些不必要的纷争和烦扰。中年以后姑且在城东经营一个小园，并非要在这个小园内种植谷物蔬菜以取利于别人，而是打算挖个池塘，种一些树木。以此寄托我的情怀，赏心悦目而已。又因为郊外土地闲旷，今后可以用来建住宅。假如获准让我退休，我就可以在这里自由自在地生活。慧日、十住这些僧人，前来主持婚丧礼俗，也需要住地。我家门风清廉，住房不多。我所以要在城郊买个小园，就是做上述考虑的。这块小园的前面已经施舍割给宣武寺。小园失去西面这块地，已经不完整。但我以为住宅不过是人生旅途上一个小客栈，何必那么奢华宏大呢？所以我讨厌社会上说这里是我的私宅。

古往今来，豪门富翁一个跟着一个；高大门楼的上等府邸，房间连接着房间。但他一旦死去，这又变成是谁的住宅？我在东田小园内堆个小土丘，上面垒几块石头，种上果树，又栽一些花卉，作为休息日自娱之处。园内的园林修筑，主要用来作为精神寄托，并不刻意追求。并不求广大，只求积善存德，小一些为好。因此园内环境狭小，并未建房舍。近来营造的园东面给儿孙的两处房舍，是借用十住和尚准备返回南方的路费。修建这两处房舍，需要不少花费。经费既没有出处，又不能半途而废。于是我这个用来休沐之娱的东田小园便保不住了，卖给了韦黯，得到一百两银子，建好儿孙这两处房宅，已用去了一半银子。寻思一个郊外的小园，为何能卖得一百两银子？那是由于我经过数年经营，小园的园林已初具规模，园内桃李茂密，桐树和竹子也都成林。园内一条条小路，水渠连着田沟。如果在此盖上华丽的楼台，建成曲折的水上亭阁，登临眺望是非常美的。园内小土丘草木茂盛，藤萝交缠，让人产生兴致；小水沟内长着很多茭白，湖里有很多菱叶与荷叶。这里虽说是郊外，但离城很近。韦黯愿出资买下，说明他这个人也很有情趣。我向你追述此园的修建、园内的景致和卖园的原因，并非是表达吝惜之心，只是信笔所至罢了。

谢灵运在《山家》诗中说："这山是天地之物，今日居然为下等人所据有。"我拥有这座小园已经20年了，今日重回天地之间。天地与我两相比较，小园自然应该属于天地所有。我卖园所获的百金，除成就两宅外还剩下的银两，现在分给你，让你去经营一块田地和小房舍。家庭人口多，我做点贡献是应该的。况且佛教教导我们，财物是身外之物。儒家典籍也告诉人们不得聚敛别人财物。何况你只是寻常之人，怎能会不像常人那样置田买地呢？听说你在姑熟买的田地，含有过多盐碱成分不适于耕种，我就更加不安，所以要用卖园余下之资接济你。我之所以要接济你，并非是鼓励你置田买地。这种做法虽比不上楚国孙叔敖临终时告诫其子与世无争、知足知止的"寝丘之志"，但也与此用意相似。孔子说：一个人居家过日子，能处理得有条有理；他如当官，也会将公务办得头头是道。姑熟田既然已经买了，就把它管理好。如果嫌田不好又将它放弃，这更会被人耻笑。假如田地有所收获，你可以自行决定分些粮食给家族中内外大小人等，要做得合适，至于具体如何操作，我就不知道了。另外也要让你的姐妹们沾点好处。你是家中的长兄，所以我才这样交代你。大凡当长兄的，都非常不容易。为人行事要使内外协调一致，别人无闲话可说。一事当前，先考虑别人然后才是自己，这样才会受到尊重。老子说："如果一个人能把他人的利益放在前面，别人也会把他的利益放在前面。"你如果能做到这一点，就能获得巨大的好处。理应当勉励自己，努力赶上贤者，一天都不要忘记这段话。一天忘掉这句话就是在糟蹋自身。一个人是获美名还是恶名，这岂不是大事吗？能不谨慎对待吗？今天告诫你的这些话，正是我成家以来不去追求资产积累的原因。我在东田经营小园，又为建儿孙二宅卖掉此园，已有违我昔日的所为。今天把这事的前后经过告诉你，是为了无愧于我自己的襟怀志趣。

加上我已年老衰朽，身心气力皆已疲惫。处理公务已很勉强在规定时日内完成。其中如有空闲，才用来休息。或者在冬天的太阳下，夏天的阴凉处，良辰美景之际，处理公务闲暇之时，挂着拐杖穿着木屐，在简陋的园林馆中逍遥自在。到池塘边看游鱼，拨开林木听鸟鸣。一杯寡淡的酒，一曲琴音，追求一段时间的安乐，大体上以这种平常生活走完人生最后一段路。不适合再过问家中具体细务。我这番交代之后，这封家书也送到你手中，其中说到的银两，我另外交付。从此以后，我再也不过问你们经营农田之事，你也不要同我再说这些事。即使遇到唐尧时的大水或者商汤时的大旱，我又不是大禹和汤王，我能怎么办？假使管理有方，赚个盆满钵满，这是你的幸运。即使遇到这样的事，也无须等候我的意见。

《礼记》上说："所谓孝，就是善于继承父亲之志，善于完成父亲交代的事。"今日希望你能成全我上述愿望，我死而无憾。

## 家风故事

### "风月尚书"的故事

徐勉（466—535年），字修仁，东海郯（今山东郯城县）人，南朝梁大臣、文学家。梁武帝在位时任吏部尚书，迁侍中，累官至中书令。徐勉晚年多病请求退休。梁武帝不准，移授特进、右光禄大夫、侍中、中卫将军，置佐史，余如故。徐勉勤于政事，不徇私情，又不营产业，家无积蓄，与范云同为萧梁时的名相。虽骨鲠不及范云，亦不阿意苟合，后知政事者莫及，世人并称"范徐"。《徐勉传》中有如下逸事：他任侍中兼尚书吏部郎时，"时王师北伐，候驿填委。勉参掌军书，劬劳夙夜，动经数旬，乃一还宅。每还，群犬惊吠"。因为勤于公务，几十天不回家，连家中的狗都不认识他了。据《南史·徐勉传》记载："尝与门人夜集，客有虞暠求詹事五官。勉正色答云：'今夕止可谈风月，不宜及公事'，故时人服其无私。"世人闻此事后，送其雅号"风月尚书"。"止谈风月"也成了廉政戒贪的历史典故。

## 现代启示

百行以德为首。为人处世也好，为官从政也罢，必须首先打好正直高尚的道德根基。习近平总书记指出："一个人能否廉洁自律，最大的诱惑是自己，最难战胜的敌人也是自己。一个人战胜不了自己，制度设计得再缜密，也会'法令滋彰，盗贼多有'。"修身立德主要有三个途径：第一，要多读书以明德。"读一本好书，就是和许多高尚的人谈话"，可以达到"玩古训以警心，悟至理以明志"的效果。要通过学习历史，从优秀传统文化中汲取道德营养，尤其要学习党史，学习革命先烈及党员模范的先进事迹，加强党性修养。第二，要多慎独以修德。古人云："见贤思齐焉，见不贤而内自省也""择其善者而从之，其不善者而改之"，这些都是修身的方法和途径，要继承好、坚持好。特别要牢记"堤溃蚁穴，气泄针芒"的古训，经常反躬自省、自我批评，管住细节和小事。第三，要多敬畏以养德。心有敬畏，行有所止。要自觉把法律道德当作"戒尺"置于心间，言有所戒、行有所止，始终做到干净用权、秉公用权，筑牢防线、守住底线。

## 41.《后汉书·羊续传》：前庭悬鱼

### 典故出处

**南朝·范晔《后汉书·羊续传》**

时，权豪之家多尚奢丽，续深疾之，常敝衣薄食，车马羸败。府丞尝献其生鱼，续受而悬于庭；丞后又进之，续乃出前所悬者以杜其意。

### 译文

当时，权贵富豪之家大多崇尚奢侈华丽，羊续非常憎恶这种现象，经常穿破旧衣服吃简单的饭食，使用破车瘦马。府丞曾经送他一条生鱼，羊续接受后悬挂在前庭；后来这个府丞又送鱼，羊续于是拿出先前所悬挂的鱼，以告诫他以后不要再送了。

### 家风故事

**元德秀：禄薄俭常足，官卑廉自高**

唐代元德秀任地方县令期间，立志以圣贤之风勤勉于政，坚持洁身自好、持身以廉，从不收受贿赂，过着"禄薄俭常足，官卑廉自高"的生活。他在鲁山做县令三年期满离任时，只有一匹薄布，别无分文，百姓与之挥泪而别。唐人卢载在《元德秀诔》中赞曰："谁为府君，犬必啗肉。谁为府僚，马必食粟。谁死元公，馁死空腹。"北宋司马光评价道："德秀性介洁质朴，士大夫皆服其高。"元德秀戒贪止欲、正身直行、造福百姓，堪称清官典范。

## ▌现代启示▐

东汉时的羊续曾担任过庐江、南阳二郡的太守。他为官施政清平，清廉俭仆，深受官民爱戴。一次下属送了他一条鱼，他接受后便挂在了前庭，任它风干也不吃。后来下属又送鱼来了，他便拿出先前的，表示自己先前的还没有吃，你怎么又送呢？以此来杜绝别人送礼。后来人们称羊续为"悬鱼太守"。"羊续悬鱼"或称"悬鱼"也就成为居官清廉、拒绝受贿的典故，在诗词文章中屡被运用。唐代颜萱《送羊振文归觐桂阳》："悬鱼庭内芝兰秀，驭鹤门前薜荔封。"唐代白居易《题洛中第宅》诗："悬鱼挂青甃，行马护朱栏。"清代蒲松龄《官吏听许财物》："不见裴宽瘗鹿，且看羊续悬鱼。"《晋书·姚兴载记下》："然明不照下，弗感悬鱼。"宋代徐积《和路朝奉所居》之六："爱士主人新置榻，清身太守旧悬鱼。"清代汤璲《〈交翠轩笔记〉后序》："南阳悬鱼之庭，卷不离手；魏郡课树之暇，目以代耕。"《陈书·宗元饶传》："求粟不猒，愧王沉之出赈；征鱼无限，异羊续之悬枯。"清代宋琬《送别俞眉仙归新安》诗："郭外行春策病马，壁间退食悬枯鱼。"羊续拒收馈赠的做法不仅是简单的自律，更是安分守己的自我约束，是定力、修养，更是智慧。明朝名臣、民族英雄于谦有感于羊续的廉洁，曾赋诗曰："喜剩门前无贺客，绝胜厨传有悬鱼。清风一枕南窗卧，闲阅床头几卷书。"羊续悬鱼的故事，也深刻影响和教育着一代又一代人，廉洁自律，清白做人。

## 42.《五代史·伶官传序》：忧劳可以兴国，逸豫可以亡身

### 《五代史·伶官传序》

《书》曰："满招损，谦得益。"忧劳可以兴国，逸豫可以亡身，自然之理也。故方其盛也，举天下之豪杰莫能与之争；及其衰也，数十伶人困之，而身死国灭，为天下笑。夫祸患常积于忽微，而智勇多困于所溺，岂独伶人也哉！

**译文**

《尚书》说："自满招致损失，谦虚得到好处。"忧患与勤劳可以使国家兴盛，贪图安逸享乐可丧失性命，这是很自然的道理。所以当庄宗气势旺盛时，天下所有豪杰无人能同他对抗，等到衰败时，几十个伶人就可使他命丧国亡，为天下人所耻笑。可见，祸患常常是由微小的事情积累而成的，聪明勇敢的人反而常被所溺爱的人或事困扰，难道仅仅是伶人的事吗？

**家风故事**

### 后唐庄宗李存勖的起伏人生

五代时期，晋王李克用与梁王朱温结仇极深。燕王刘守光之父刘仁恭，曾被李克用保荐为卢龙节度使。契丹族首领耶律阿保机

（辽太祖）曾与李克用把臂定盟，结为兄弟，商定共同举兵讨梁。但刘仁恭与阿保机后皆叛晋归梁，与晋成仇。李克用临终时以三支箭作为遗命，要其子李存勖为其复仇。李存勖在五代的诸位皇帝中武功最盛，死敌梁太祖朱温也对他称赞有加，说出"生子当如李亚子"这样的话。李存勖兵精将勇，东征西讨，于公元913年攻破幽州，生俘刘氏父子，用绳捆索绑，解送太原，献于晋王太庙。公元923年，李存勖攻梁，梁兵败，李存勖攻入汴京，朱温之子梁末帝朱友贞身亡，把朱友贞及其部将的头装入木匣，收藏在太庙里。李存勖还曾三次击败契丹，为父报了大仇。但他灭梁以后，骄傲自满，宠信伶官，纵情声色，使民怨沸腾，众叛亲离，在位仅三年就死于兵变之中。

## 现代启示

《五代史·伶官传序》是宋代文学家欧阳修创作的一篇史论。此文通过对五代时期的后唐盛衰过程的具体分析，推论出："忧劳可以兴国，逸豫可以亡身"和"祸患常积于忽微，而智勇多困于所溺"的结论，说明国家兴败亡不由天命而取决于"人事"，借以告诫当时北宋王朝执政者要吸取历史教训，居安思危，防微杜渐，力戒骄侈纵欲。

孟子曾说："生于忧患，死于安乐。"这句至理名言，无时无刻不告诉我们，忧患意识于一个人、一个国家都尤为重要。忧患使人生存，挫折成就辉煌，而沉迷享乐，不思进取，无疑是自取灭亡。纵观李存勖的一生，虽然他的军事才能非常突出，取得了骄人战绩，但灭掉敌人之后，他却忘记了自己的成功来之不易，天天沉醉在田猎、声色之中。在他统治期间，沉湎于声色，用人无方，横征暴敛，以至于百姓困苦、藩镇怨愤、士卒离心，最后死于乱箭之下。所以欧阳修才说："忧劳可以兴国，逸豫可以亡身。"李存勖的跌宕起伏的人生故事告诫我们：只有在逆境中磨炼意志品格，增长才干，才能生存下去；一味地追求安逸与享乐，纸醉金迷会侵蚀一个人的心智，表面的浮华变得不堪一击。如果缺乏忧患意识，纵使盛世大国，也无可救药，如果一味贪图享乐，纵是旷世奇才，也会一事无成。

## 43.李世民《帝范》：兴亡治乱，其道焕焉

### 典故出处

#### 唐·李世民《帝范》

汝以幼年，偏钟慈爱，义方多阙，庭训有乖。擢自维城之居，属以少阳之任，未辨君臣之礼节，不知稼穑之艰难。每思此为忧，未尝不废寝忘食。自轩昊以降，迄至周隋，以经天纬地之君，纂业承基之主，兴亡治乱，其道焕焉。所以披镜前踪，博览史籍，聚其要言，以为近诫云耳。

### 译文

你因为在诸子中年幼，受到慈母的钟爱，因缺少应受到的教育，对父母的教训有所缺失。从藩王之位提拔上来成为太子。在朝不懂得君臣之礼，在野不明白民生疾苦。我常为此而担忧，甚至为此废寝忘食。自三皇五帝以来直到北周隋朝，那些开天辟地的建国之君，那些继承基业的守成之主，其中显现的兴亡治乱之道，是昭然若揭的。所以我以历代君主的兴亡得失为借鉴，又从众多历史典籍中摘其名言，辑成这篇《帝范》作为你眼前的鉴戒。

### 家风故事

#### 中国历史上最好的管理和统御之道

作为一代明君，李世民谦虚谨慎，为了唐王朝的千秋伟业，他

甚至还为子孙亲自拟定了"行为规范"，以此来约束后世帝王。唐太宗所留下的"行为规范"名为《帝范》，其文共分12章，分别是君体、建亲、求贤、审官、纳谏、去谗、诫盈、崇俭、赏罚、务农、阅武、崇文。文中详细阐述了帝王的为君之道，同时也是为后世君主订立了规矩，希望他们不负己之所托，令大唐王朝千秋万代江山永固。李世民在将《帝范》给高宗李治的时候，曾告诫说："你应该以古代的圣哲贤王为师，我并不是你学习的榜样。古人说，取法乎上，仅得其中；取法乎中，仅得其下，我即位以来，也有许多不足为训的地方。"《帝范》一书是李世民一生执政经验的高度浓缩，是一代英主对人生和世界的体悟，是一个马上争天下、马上治天下的开国君主一生经验的总结，被誉为是中国历史上最好的管理和统御之道，毛泽东同志曾评价说："李世民的工作方法有四"，即李世民平定四方，用怀柔政策，不急功近利，劳民损兵；不贪图游乐，每早视朝，用心听取各种建议，出言周密；罢朝后和大臣们推心置腹讨论是非；晚上同人高谈经典文事。

## ▎现代启示▎

历史是最好的教科书，也是最好的营养剂。历史是一个民族、一个国家形成、发展及其盛衰兴亡的真实记录，是前人各种知识、经验和智慧的总汇。历史是客观存在的，无论历史学家们如何书写历史，历史都以自己的方式存在，不可改变。虽然意大利历史学家克罗齐曾说"一切历史都是当代史"，英国历史学家柯林伍德常言"一切历史都是思想史"，中国史学界也流传过"历史是个任人打扮的小姑娘"的说法，但历史作为国家的记忆、民族的记忆，是文化的传承、积累和扩展，是人类文明的轨迹，是社会发展的延伸，具有不以人的意志为转移的客观属性。

历史是文化的记忆，是国家的镜像，是文明的见证，是一个民族安身立命的基础。历史和文化又有非常密切的关系，文化是民族的血脉，是人民的精神家园，是爱国主义的精神基因，是一个国家、一个民族的灵魂。一个民族的历史是一个民族安身立命的基础。中华文明的灿烂星河中，闪耀着无比珍贵的智慧之光，是我们文化自信的来源，是丰厚的精神滋养。清朝大思想家龚自珍在《古史钩沉》中说："欲知大道，必先为史。灭人之国，必先去其史；隳人之枋，败人之纲纪，必先去其史；绝人之才，湮塞人之教，必先去其史；夷人之祖宗，必先去其史。"忘记历史就意味着背叛。历史，不仅给人以智慧的启迪，同时也是治国理政的重要资源。历史是最好的老师，是最好的教科书，也是最好的清醒剂。历史会客观记录下每一个国家走过的足迹，也给每一个国家未来的发展提供启示。一个国家如果不善于总结历史的经验，不勇于吸取历史的教训，就有可能会殷鉴不远，重蹈历史的覆辙。对此，唐朝诗人杜牧在《阿房宫赋》中有过深刻论述："呜呼！灭六国者，六国也，非秦也。族秦者，秦也，非天下也。嗟乎！使六国各爱其人，则足以拒秦；使秦复爱六国之人，则递三世可至万世而为君，谁得而族灭也？秦人不暇自哀，而后人哀之；后人哀之而不鉴之，亦使后人而复哀后人也。"在1944年，毛泽东高度评价郭沫若撰写的《甲申三百年祭》，要求在解放区重印这篇文章，"把它当作整风文件看待。小胜即骄傲，大胜更骄傲，一次又一次吃亏，如何避免此种毛病，实在值得注意"，目的是"叫同志们引为鉴戒，不要重犯胜利时骄傲的错误"。因此，我们学习历史，既要以史资政、修身励志，观成败、鉴是非、知兴替、明规律，更要从中发现真理、明确方向、坚定道路、汲取力量。我们思考问题、作出分析、得出结论，要有历史眼光、历史思维、历史意识，思接千载、视通万里，坚持把历史、现实、未来贯通起来。回望历史才能懂得，走得再远都不能忘记来时的路；学习历史才能明白，找到一条正确的道路多么不容易，必须坚定不移走下去；把握历史才能领会，社会主义是干出来的，历史从来都是由人民来书写的。

## 44. 李世民《百字箴》：常怀克己之心，闭却是非之口

**典故出处**

### 唐·李世民《百字箴》

耕夫碌碌，多无隔夜之粮；

织女波波，少有御寒之衣。

日食三餐，当思农夫之苦，

身穿一缕，每念织女之劳。

寸丝千命，匙饭百鞭，

无功受禄，寝食不安。

交有德之朋，绝无义之友。

取本分之财，戒无名之酒。

常怀克己之心，闭却是非之口。

若能依朕所言，富贵功名可久。

**译文**

  种田人日日忙碌却没有隔夜的粮食，纺织女不停地织布却没有棉衣穿。我们一日三餐要想到农民的辛苦，身穿衣物不忘织女的劳累。每寸丝绸衣帛，有千条蚕的努力；每匙饭粒的产出，耕牛须挨上百鞭抽，来之不易！无功受禄吃饭睡觉都不安宁。交有德行的朋友，断绝歪门邪道的损友。财产应通过正当的方法获得，不正当的请酒不要去喝。经常注意克服自己缺点，不要搬弄是非。若能听从

我的这些规劝，获得的名利和地位定能长久。

## ▌家风故事▌

### 焦裕禄的孩子不搞特殊

焦裕禄（1922 年 8 月 16 日—1964 年 5 月 14 日），原兰考县委书记，干部楷模，革命烈士。在兰考担任县委书记时所表现出来的"亲民爱民、艰苦奋斗、科学求实、迎难而上、无私奉献"的精神，被后人称为"焦裕禄精神"。

焦裕禄一生自律严谨，家风家教良好。其家风不仅体现在日常的小事上，在子女升学工作的人生重要关头，家风家规也没有动摇。焦裕禄的大女儿焦守凤初中毕业后没能考上高中。兰考几家机关单位提出为她安排工作，话务员、教师、县委干事等一个个体面的职业让十几岁的姑娘心花怒放，但当她拿着招工表请父亲参谋的时候，却被父亲泼了冷水："刚出校门就进机关门，你缺了一堂劳动课，这是不可以的。"后来，焦裕禄将女儿安排进兰考的食品加工厂当临时工。报到那天，焦裕禄亲自领着女儿到厂里，叮嘱厂长不能因为自己的缘故让女儿坐办公室。焦守凤被安排在最艰苦的岗位锻炼，秋天时腌咸菜，经常要切上一两千斤萝卜，更辛苦的是切辣椒，一天下来手都会烧出泡，焦守凤晚上疼得睡不着，只能把手浸在冷水里冰着。最初，焦守凤对父亲很有意见，认为父亲对她不公平。直到有一天，焦裕禄亲自带着女儿挑着担子，教女儿怎么挑担子不磨肩、怎么吆喝把酱油咸菜赶紧卖出去。他说："你知道吗？爸爸小时候卖过油，爷爷曾经开过一个油坊，我从小就会挑着油走街串巷。"这件事情对焦守凤的触动很大，也让她真正理解了父亲常说的"书记的女儿不能高人一等，只能带头艰苦，不能有任何特殊"。而"焦裕禄的孩子不搞特殊"，这条原则也一直鞭策着焦家后代，焦裕禄子女六人，相继入党、工作、成家，在各自的工作岗位上本分做事。

## ▎现代启示▎

无私奉献是共产党员的本质特征。党章规定，共产党员必须坚持人民利益高于一切，个人利益服从党和人民的利益，吃苦在前，享受在后，克己奉公，多做贡献，决不能谋求任何私利和特权。革命战争年代，无数共产党员抛头颅洒热血，奉献的是最珍贵的青春与生命。到了和平发展时期，因为特殊情况需要牺牲和奉献的事情仍然可能发生，这就更需要共产党员当好"无私奉献"的先锋模范。因此，吃苦在前，享受在后，克己奉公，多做奉献，是人性中真、善、美的集中体现，也是对优秀共产党员的基本要求，是共产党员道德品质中最本质的特征。当前，中国特色社会主义进入了新时代，全面深化改革也迈入了新的时期，利益关系更加复杂和多元。作为党员，面对血与火、生与死的考验少了，面对个人利益与党的利益、国家利益、集体利益、群众利益的考验多了。在这样的考验面前，我们要自觉以个人利益服从党和国家的利益，必要时宁可牺牲个人的利益，把"索取值"选择为最小，把"奉献值"选择为最大，淡泊名利，志在奉献。

# 45. 王勃《滕王阁序》：穷且益坚，不坠青云之志

## 典故出处

### 唐·王勃《滕王阁序》

豫章故郡，洪都新府。星分翼轸，地接衡庐。襟三江而带五湖，控蛮荆而引瓯越。物华天宝，龙光射牛斗之墟；人杰地灵，徐孺下陈蕃之榻。雄州雾列，俊采星驰。台隍枕夷夏之交，宾主尽东南之美。都督阎公之雅望，棨戟遥临；宇文新州之懿范，襜帷暂驻。十旬休假，胜友如云；千里逢迎，高朋满座。腾蛟起凤，孟学士之词宗；紫电青霜，王将军之武库。家君作宰，路出名区；童子何知，躬逢胜饯。

时维九月，序属三秋。潦水尽而寒潭清，烟光凝而暮山紫。俨骖騑于上路，访风景于崇阿；临帝子之长洲，得天人之旧馆。层峦耸翠，上出重霄；飞阁流丹，下临无地。鹤汀凫渚，穷岛屿之萦回；桂殿兰宫，即冈峦之体势。

披绣闼，俯雕甍，山原旷其盈视，川泽纡其骇瞩。闾阎扑地，钟鸣鼎食之家；舸舰弥津，青雀黄龙之舳。云销雨霁，彩彻区明。落霞与孤鹜齐飞，秋水共长天一色。渔舟唱晚，响穷彭蠡之滨；雁阵惊寒，声断衡阳之浦。

遥襟甫畅，逸兴遄飞。爽籁发而清风生，纤歌凝而白云遏。睢园绿竹，气凌彭泽之樽；邺水朱华，光照临川之笔。四美具，二难并。穷睇眄于中天，极娱游于暇日。天高地迥，觉宇宙之无穷；兴尽悲来，识盈虚之有数。望长安于日下，目吴会于云间。地势极而南溟深，天柱高

而北辰远。关山难越，谁悲失路之人？萍水相逢，尽是他乡之客。怀帝阍而不见，奉宣室以何年？

嗟乎！时运不齐，命途多舛。冯唐易老，李广难封。屈贾谊于长沙，非无圣主；窜梁鸿于海曲，岂乏明时？所赖君子见机，达人知命。老当益壮，宁移白首之心？穷且益坚，不坠青云之志。酌贪泉而觉爽，处涸辙以犹欢。北海虽赊，扶摇可接；东隅已逝，桑榆非晚。孟尝高洁，空余报国之情；阮籍猖狂，岂效穷途之哭！

勃，三尺微命，一介书生。无路请缨，等终军之弱冠；有怀投笔，慕宗悫之长风。舍簪笏于百龄，奉晨昏于万里。非谢家之宝树，接孟氏之芳邻。他日趋庭，叨陪鲤对；今兹捧袂，喜托龙门。杨意不逢，抚凌云而自惜；钟期既遇，奏流水以何惭？

呜乎！胜地不常，盛筵难再；兰亭已矣，梓泽丘墟。临别赠言，幸承恩于伟饯；登高作赋，是所望于群公。敢竭鄙怀，恭疏短引；一言均赋，四韵俱成。请洒潘江，各倾陆海云尔：

滕王高阁临江渚，佩玉鸣鸾罢歌舞。

画栋朝飞南浦云，珠帘暮卷西山雨。

闲云潭影日悠悠，物换星移几度秋。

阁中帝子今何在？槛外长江空自流。

**┃译文┃**

这里是汉代的南昌郡城，如今是洪州都督府，天上的方位属于翼、轸两星宿的分野，地上连接着衡山和庐山。以三江为衣襟，以五湖为衣带，控制楚地，连接闽越。这里有物类精华、天产珍宝，宝剑的光芒直冲上牛、斗二星之间。人中有英杰，大地有灵气，陈蕃专为徐孺设下几榻。雄伟的洪州城，房屋像雾般罗列，英俊的人才，像繁星一样活跃。城池坐落在夷夏交界之地，主人与宾客，汇集了东南地区的青年才俊。都督阎公，享有崇高的名望，远道来到洪州坐镇；宇文州牧，是美德的楷模，赴任途中在此暂留。正逢十旬休假的日子，杰出的朋友云集，高贵的宾客，也都不远千里来此聚会，文坛领袖孟学士，其文采像腾起的蛟龙、飞舞的彩凤，王将军的武库里，藏有像紫电、青霜一样锋利的宝剑。父亲在交趾做县令，我在探亲途中路过这方宝地；我年幼无知，竟然有幸亲自参加了这次盛大的宴会。

时值九月深秋，积水消尽，潭水清澈，云烟凝结在暮霭中，山峦呈现一片紫色。在高高的山路上驾着马车，在崇山峻岭中访求风景，来到昔日帝子的长洲，找到仙人居住过的宫殿，这里山峦重叠，山峰耸入云霄。凌空的楼阁，红色的阁道犹如飞翔在天空，从阁上看深不见底、白鹤、野鸭栖息的小洲，极尽岛屿的迂折回环之势，威严的宫殿，依照起伏的山峦而建。

打开雕花的阁门，俯视华美的屋脊。山峰平原尽收眼底，湖川曲折令人惊叹。房屋密集，不少富贵人家，船只塞满了渡口，都是雕刻着青雀黄龙花纹的大船。雨过天晴，虹消云散，阳光朗照。落霞与孤雁一起飞翔，秋水长天连成一片。傍晚渔舟中传来歌声，响彻彭蠡湖滨，雁群因寒意而长鸣，到衡阳岸边方止。

放眼远望，心胸顿时舒畅，兴致兴起，排箫的音响引来了清风，柔缓的歌声令白云陶醉，像在睢园竹林的聚会，宴会上的人酒量超过陶渊明，像在邺水赞咏莲花，席上人的文采胜过谢灵运。良辰、美景、赏心、乐事这四种美好的事物都已经齐备，贤主、嘉宾千载难逢。向天空中远眺，在假日里尽享欢娱，天高地远，令人感到宇宙的无穷。欢乐逝去，悲哀袭来，我想到了事物的兴衰成败是有定数的。远望长安，东看吴会，陆地的尽头是深不可测的大海，北斗星多么遥远，天柱山高不可攀。关山重重难以跨越，有谁同情不得志的人？萍水相逢，大家都是异乡之客。心系朝廷，却不被召见，什么时候才能像贾谊那样去侍奉君王呢？

唉！命运不顺，路途艰险。冯唐容易老，李广封侯难。把贾谊贬到长沙，并不是没有贤明的君主；梁鸿到海边隐居，难道不是在政治昌明的时代吗？不过是君子能够察觉事物的先兆，通达的人知道自己的命数罢了。年纪大了应当更有壮志，哪能在白发苍苍时改变自己的心志？处境艰难反该更加坚强，不能放弃凌云之志。这样即使喝了贪泉的水。仍然觉得心清无尘；处在干涸的车辙中，还能乐观开朗。北海虽然遥远，乘着旋风还是可以到达；过去的时光虽然已经消逝，珍惜将来的日子还不算晚。孟尝品行高洁，却空有报国之心；阮籍狂放不羁，怎能效仿他在无路可走时便恸哭而返？

我，地位卑微，一介书生，虽然和终军的年龄相同却没有报国的机会；像班超那样有投笔从戎的豪情，也有宗悫“乘风破浪”的壮志。而今放弃一生的功名，到万里之外去侍奉父亲，不是谢玄那样的人才，却结识了诸位名家。过些天到父亲那里聆听教诲，一定像孔鲤那样有礼；今天有幸参加宴会，如登龙门。司马相如倘若没有杨得意的引荐，虽有文才也只能独自叹惋；既然遇到钟子期那样的知音，演奏高山流水的乐曲又有什么羞愧的呢？

唉！名胜不能长存，盛宴难逢。兰亭集会的盛况已成陈迹，繁华的金谷园也变为废墟。有幸参加这次盛宴，故写小文以纪念；登高作赋，那就指望在座诸公了。竭尽心力，恭敬地写下这篇小序，我的一首四韵小诗也已写成，请各位像潘岳、陆机那样，展现江海般的文才吧。

巍然高大的滕王阁建在江渚之滨，当年滕王宴饮的场面已不再呈现。

南浦轻云早晨掠过滕王阁的画栋，西山烟雨傍晚卷起滕王阁的珠帘。

悠闲的云朵映在潭水上悠然飘过，变换的景物在星空下历数着春秋。

修建这滕王阁的帝子在什么地方？只有槛外的长江水滚滚向东流淌

| 家风故事 |

### 毛泽东的逆境坚守

"大事难事看担当，逆境顺境看襟度。"一个人要想成功，不仅要求顺境时勇于承担，还要求逆境中敢于坚守。在井冈山革命斗争中，毛泽东在逆境中的顽强坚守给我们做出了榜样。大革命失败后，革命力量遭到残酷打击，反动力量十分强大，革命处于低潮之中。从党内来看，党中央的意见过于理想化，毛泽东的观点才更符合革命实际。从个人经历来看，井冈山时期，毛泽东的贡献无疑是不容否认的。但在特殊的环境下，毛泽东也遭受过冷落、排挤，甚至一度失去了党内决策的资格。1927 年 11 月 9 日，中央临时政治局扩大会议在上海召开，会议强调，中国革命形势是"不断高涨"，中国革命性质是"不断革命"。批评湖南省委在秋收起义指导上"完全违背中央策略"，湖南省委的错误，毛泽东应负严重的责任，会议决定撤销其政治局候补委员和湖南省委委员职务。在重重逆境之下，个性突出的毛泽东既没有灰心丧气，也没有负气出走，而是在逆境中顽强坚守。

从 1931 年赣南会议到 1934 年 10 月长征开始，整整三年内，毛泽东的处境是十分艰难的。尽管他出任中华苏维埃政府主席，实际上一直身处逆境，遭受着接连不断的批判和不公正对待。他许多行之有效的正确主张，被严厉地指责为"狭隘经验论""富农路线""保守退却""右倾机会主义"。在不短的时间内，甚至被剥夺了工作的权利。毛泽东在挨整的这些日子里，一直表现得十分从容沉着。他坚持原则，决不放弃自己正确的符合实际的主张，同时又顾全大局，遵守纪律，尽可能地在力所能及的范围内继续作出自己的贡献。毛泽东还利用这段时间，认真研读马列主义经典著作，总结革命经验。他在 1957 年曾感慨地同曾志谈起过："我没有吃过洋面包，没有去过苏联，也没有留学别的国家。我提出建立以井冈山根据地为中心的罗霄山脉中段红色政权，实行红色割据的论断，开展'十六字诀'的游击战和采取迂回打圈战术，一些吃过洋面包的人不信任，认为山沟子里出不了马克思主义。一九三二年（秋）开始，我没有工作，就从漳州以及其他地方搜集来的书籍中，把有关马恩列斯的书通通找了出来，不全不够的就向一些同志借。我就埋头读马列著作，差不多整天看，读了这本，又看那本，有时还交替着看，扎扎实实下功夫，硬是读了两年书。""后来写成的《矛盾论》、《实践论》，就是在这两年读马列著作中形成的。"身处逆境的毛泽东，不悲观，不消极，不懈怠，顾全大局，在等待中学习，"扎扎实实下功夫，硬是读了两年书"，为"天降大任"做着积极的准备。

**| 现代启示 |**

不忘初心，方得始终。中国共产党人的初心就是中国共产党的理想信念宗旨。中国共产党能带领人民走向胜利就是有坚定的理想信念作支撑。100 多年来，中国共产党从城市走向农村，再从农村包围城市，和人民同吃同住，进行军民大生产，正是这种"革命理想大于天"的理想信念指引着红色政权走向胜利，点亮着星星之火发展成燎原之势。无数革命先辈向死而生，始终"余心之所善兮，虽九死其犹未悔"。"中国共产党人的初心和使命，就是为中国人民谋幸福，为中华民族谋复兴。"我们党自成立至今，初心不改，矢志不渝，始终同人民想在一起、干在一起，与人民同呼吸、共命运、心连心，永远把人民对美好生活的向往作为奋斗目标。今天，我们生活在和平年代，远离战火硝烟，更应该树立远大的理想抱负，保持"心之所向，素履以往"的理想信念，扎根人民群众所需要的地方，无惧岁月的孤独和清苦，始终清醒地知道"为了什么而出发"、如何"扣好人生的第一粒扣子"、怎样做到"穷且益坚，不坠青云之志"。

## 46.《新唐书·褚遂良传》：奢靡之始，危亡之渐

## ▌典故出处▐

### 《新唐书·褚遂良传》

是时，魏王泰礼秩如嫡，群臣未敢谏。……遂良曰："今四方仰德，谁弗率者？唯太子、诸王宜有定分。"……帝尝怪："舜造漆器，禹雕其俎，谏者十余不止，小物何必尔邪？"遂良曰："雕琢害力农，纂绣伤女工，奢靡之始，危亡之渐也。漆器不止，必金为之，金又不止，必玉为之，故谏者救其源，不使得开。及夫横流，则无复事矣。"帝咨美之。

## ▌译文▐

唐太宗四子魏王李泰颇受宠爱，其礼仪等第及爵禄品级均与太子相同，大臣们都不敢谏言。褚遂良说："现在天下的人都仰慕皇帝的功德，没有不服从的，只是太子、诸王之间的定分还是应该有的。"唐太宗不以为然地说："当日舜帝制造了漆器，禹帝雕饰俎器，谏言者不下十人，食器之类的小事为什么要如此苦谏呢？"褚遂良答道："雕琢妨害了农事，过分的彩绣耽误了女工。奢靡行为开始之时，也是危亡渐渐来临之际。如果喜好漆器不止，发展下去一定会用金子来做器具；喜好金器不止，发展下去一定会用美玉来做器具。因此净臣必须在刚露出奢侈苗头时进谏，一旦奢侈成风，再进谏就难了。"唐太宗很受触动，深表赞同。

### 秦始皇的奢靡无度

秦始皇统一中国建立秦朝，被誉为"千古一帝"，但与此同时他荒淫无度，奢靡浪费，耗费大量人力物力为自己修建宫殿和陵墓，其中的阿房宫甚至直到秦朝灭亡都没有完工。据说，秦始皇陵总面积为 56.25 平方公里，相当于 78 个故宫的大小。它的建造极尽奢华，堂皇的地下宫殿，顶上有用明珠做的日月星辰，地下布置了用水银做的江河湖海，除此之外，相传墓地里还有人鱼油灯永不熄灭。

由于秦始皇好大喜功，热衷封禅出游，便令天下用土石大筑驰道。驰道高出地面，道宽五十步，路面夯实，两旁栽种青松，既美观又能夏日遮阴。秦皇巡游时，车马仪仗势盛豪华，所过之处官吏供给队伍，谨慎侍奉。所用所费皆取自百姓，可谓是民脂民膏。秦始皇为了找到长生不老的办法，还派出过大量方士四处寻访，这些方士以寻药为由索取了许多好处，其中的徐福甚至带着大量财物和三千童男童女远渡海外，从此再没有回来。秦始皇统一六合的功绩固然无法否认，但其奢靡腐败及其由此带来严重后果也必须也要看到。正是因为秦始皇的奢侈淫逸，导致民不聊生，为秦朝短短二世而亡埋下了伏笔。

┃现代启示┃

"奢靡之始，危亡之渐"，奢侈糜烂的开始就是国家危亡的征兆。奢靡之风的危害，在于会腐蚀人心、损害形象、破坏公信、败坏风气。同时，奢靡往往与腐败同声相应、同气相求、相伴而生，奢靡之风也往往源于以权谋私、中饱私囊，慷公家之慨，成一家之奢。把有限的社会资源用于满足口腹之欲，任由奢靡之风蔓延，执政党就会脱离群众，就会失去根基、失去血脉、失去力量。不正之风离我们越远，群众就会离我们越近。古今中外，因为统治集团作风败坏导致人亡政息的例子多得很！我们一定要引为借鉴，以最严格的标准、最严厉的举措治理作风问题。"尚俭者开福之源，好奢者起贪之兆。"我们党要团结带领广大人民群众走好新时代赶考之路，坚持勤俭节约、艰苦奋斗，反对奢靡之风，是一个重要环节。必须增强节俭意识，始终发扬艰苦奋斗精神，务实清廉，埋头苦干，坚决抵制享乐主义、奢侈浪费。追求享乐奢靡，往往是道德沦丧、贪腐败坏之端，只有坚持节俭正气，反对奢靡歪风，防微杜渐，才能抵御各种诱惑，炼就金刚不坏之身，使自身立于不败之地。

# 47.韩愈《符读书城南》：人不通古今，马牛而襟裾

## 典故出处

### 唐·韩愈《符读书城南》

木之就规矩，在梓匠轮舆。人之能为人，由腹有诗书。

诗书勤乃有，不勤腹空虚。欲知学之力，贤愚同一初。

由其不能学，所入遂异间。两家各生子，提孩巧相如。

少长聚嬉戏，不殊同队鱼。年至十二三，头角稍相疏。

二十渐乖张，清沟映污渠。三十骨骼成，乃一龙一猪。

飞黄腾踏去，不能顾蟾蜍。一为马前卒，鞭背生虫蛆。

一为公与相，潭潭府中居。问之何因尔，学与不学欤。

金璧虽重宝，费用难贮储。学问藏之身，身在则有余。

君子与小人，不系父母且。不见公与相，起身自犁鉏。

不见三公后，寒饥出无驴。文章岂不贵，经训乃菑畲。

潢潦无根源，朝满夕已除。人不通古今，马牛而襟裾。

行身陷不义，况望多名誉。时秋积雨霁，新凉入郊墟。

灯火稍可亲，简编可卷舒。岂不旦夕念，为尔惜居诸。

恩义有相夺，作诗劝踌躇。

## 译文

木材依圆规曲尺成器，离不开匠人的辛勤劳作。

人能成为真正的人，是因为饱读诗书有所涵养的缘故。

读书须勤奋才能有所收获，不勤奋只能是腹中空空。

要知道一开始，大家学习的能力都是一样的，并无贤愚之分。

因为有的人不能勤学，于是踏入了不同的门径。

两家生子是一样的聪明，年岁稍大在一起玩耍嬉戏，就像群鱼中的两只看不出有什么区别。

到十二三岁，各人的表现才稍稍有些不同。

到二十岁，就变得差别很大，像一条清沟一条污渠摆放在一起。

到二十岁，人已长成，区别如龙和猪一样大。

龙马飞黄腾达，看不到地上的癞蛤蟆。

一个人成了马前吆喝开路的兵卒差役，奔走效力受支使还被鞭打。

一个人成了公卿、宰相一样的显官，住在豪华的府第里。

为什么会这样呢？原因只在于勤学与否。

黄金璧玉虽是重宝，但难以储藏。

学问藏在自己的身上，不管到哪儿都用之有余。

做君子还是当小人，其实和父母留多少财产关系不大。

你看由古及今有出息的三公宰相，哪一个不出身于犁锄之家。

你看多少三公后人在忍受饥寒，出门连头毛驴都没有。

不要以为文章里没有富贵，要知道经书里的遗训正是做人的根本啊。

雨后大水滩因为没有源头，早晨还满满的，晚间就干涸了。

人如果没文化不开智，就如同牛马穿了人的衣服一般无知。

为人处世都陷于不仁不义中，还指望得到众多的名声和赞誉。

城南入秋，阴雨初停，凉爽的天气已遍布村野郊外。

正好可以趁着灯火，打开书卷来读。

从早到晚我都顾念着你，只望你能珍惜光阴。

孩子，我深爱你但我必须教你对的东西，写这首诗只为勉励徘徊不前的你。

## 韩愈的两首家教诗

韩愈（768—824年），字退之，河南河阳（今河南省孟州市）人，自称"郡望昌黎"，世称"韩昌黎""昌黎先生"。唐代中期官员，文学家、思想家、哲学家、政治家、教育家。

元和十年（815年）韩愈作《示儿》诗，元和十一年作《符读书城南》。韩愈《示儿》写道："始我来京师，止携一束书。辛勤三十年，以有此屋庐。此屋岂为华，于我自有余。中堂高且新，四时登牢蔬。前荣馈宾亲，冠婚之所于。庭内无所有，高树八九株。有藤娄络之，春华夏阴敷。东堂坐见山，云风相吹嘘。松果连南亭，外有瓜芋区。西偏屋不多，槐榆翳空虚。山鸟旦夕鸣，有类涧谷居。主妇治北堂，膳服适戚疏。恩封高平君，子孙从朝裾。开门问谁来，无非卿大夫。不知官高卑，玉带悬金鱼。问客之所为，峨冠讲唐虞。酒食罢无为，棋槊以相娱。凡此座中人，十九持钧枢。又问谁与频，莫与张樊如。来过亦无事，考评道精粗。趑趄媚学子，墙屏日有徒。以能问不能，其蔽岂可祛。嗟我不修饰，事与庸人俱。安能坐如此，比肩于朝儒。诗以示儿曹，其无迷厥初。"

《示儿》和《符读书城南》，后人以为多言利禄、表露韩愈俗人心态，非议颇多。如苏东坡称，"退之示儿云云，所示皆利禄事也"。邓肃说："用玉带金鱼之说以激之，爱子之情至矣，而导子之志则陋也。"后世反驳的说法也很多，如朱彝尊说《示儿》"率意自述，语语皆实，亦淋漓可喜，只是偶然作耳"。黄震称《符读书城南》"亦人情诱小儿读书之常，愈于后世之伪饰者"。韩愈家世孤寒，自小就多次经历失去亲人的伤痛，并肩负着振兴家族的重任；韩愈处于一个士庶混杂的时代，韩愈便是一个士庶相混的代表，既有高华的一面，也有世俗的一面。细考韩愈的特殊家世、早年经历、命运格局、人生理想及生活的时代，我们可以发现其《示儿》诗背后是诗人对家族的爱和责任、他的理想的生活模式，以及他对儒家思想的理解，借此可以还原一个重亲情、重责任、不伪饰，既畏天命又积极有为，不离世间常情又立志为圣的真诚文人形象。

韩愈之子韩昶，也就是《符读书城南》与《示儿》这两首家教诗的训诫对象，读书刻苦，虽然天资一般，但也在三十岁前考上科举，比他父亲还早几年踏上仕途，此后一路攀升，最终做到了四品别驾。一生为官并无污名，也没有什么显赫之举，算是中规中矩的一个儿子，也算是实践了韩愈的家教之意。韩愈比较出色的另一个子孙，则是传说色彩浓重的韩湘。此人乃是韩愈的侄孙。韩愈幼年时与韩湘之父韩老成一同成长于大哥家，感情极深，后来长期分离，自己发达之后，正想再度团聚，却惊闻韩老成病亡。悲痛之际，韩愈便在一篇名为《祭十二郎文》的文章中，发誓要将韩老成的儿子韩湘教导成才，从此韩湘就和韩昶同在韩愈的教导下成长，自然也就接受了韩愈以读书求功名的理念。

**▍现代启示▍**

功以学成，业由学广，学习是我们需要始终面对的人生大课题。知识智慧来自于学习积累的滋养，道德涵养源自于诗书传统的浸润，工作能力根植于知行合一的薪火相传。特别是今天置身一个大发展大变革的时代，新业态、新事物层出不穷，新趋势、新机遇转瞬即逝，新问题、新情况不断出现，必须崇尚学习、加强学习，学懂弄通新思想、引领带动新实践，在学习中加满能力的蓄电池，厚植本领的肥沃土壤，以过硬的本领在强国富民的时代征程中昂首前行。古人曾说："世上几百年旧家无非积德，天下第一好事还是读书。"学习是进步的不二法门。习近平总书记也曾讲道："中国共产党人依靠学习走到今天，也必然要依靠学习走向未来。我们的干部要上进，我们的党要上进，我们的国家要上进，我们的民族要上进，就必须大兴学习之风。"在新时代，我们更要自觉做到"理论创新每前进一步，理论武装就跟进一步"，要始终把学习当成一种生活态度、一种工作责任、一种精神追求，自觉加强理论学习，切实在学习中汲取营养、充实知识、提高本领。

## 48. 韩愈《祭十二郎文》: 相养以生, 相守以死

**┃典故出处┃**

### 唐·韩愈《祭十二郎文》

呜呼! 汝病吾不知时, 汝殁吾不知日, 生不能相养于共居, 殁不得抚汝以尽哀, 敛不凭其棺, 窆不临其穴。吾行负神明, 而使汝夭; 不孝不慈, 而不能与汝相养以生, 相守以死。一在天之涯, 一在地之角, 生而影不与吾形相依, 死而魂不与吾梦相接。吾实为之, 其又何尤! 彼苍者天, 曷其有极! 自今已往, 吾其无意于人世矣! 当求数顷之田于伊颍之上, 以待余年, 教吾子与汝子, 幸其成; 长吾女与汝女, 待其嫁, 如此而已。

**┃译文┃**

唉, 你患病我不知道时间, 你去世我不知道日子, 活着的时候不能住在一起互相照顾, 死的时候没有抚尸痛哭, 入殓时没在棺前守灵, 下棺入葬时又没有亲临你的墓穴。我的行为辜负了神明, 才使你这么早死去, 我对上不孝, 对下不慈, 既不能与你相互照顾着生活, 又不能和你一块死去。一个在天涯, 一个在地角。你活着的时候不能和我形影相依, 死后魂灵也不在我的梦中显现, 这都是我造成的灾难, 又能抱怨谁呢? 天哪, (我的悲痛) 哪里有尽头呢? 从今以后, 我已经没有心思奔忙在世上了! 还是回到老家去置办几顷地, 度过我的余年。教养我的儿子和你的儿

子，希望他们成才；抚养我的女儿和你的女儿，等到她们出嫁，如此而已。

## 家风故事

### 韩愈与韩老成的患难之情

《祭十二郎文》写于贞元十九年（796年），文章的十二郎是指韩愈的侄子韩老成，"八仙"中著名的韩湘子即是韩老成之长子。韩愈幼年丧父，靠兄嫂抚养成人。韩愈与其侄十二郎自幼相守，历经患难，感情特别深厚。但成年以后，韩愈四处漂泊，与十二郎很少见面。正当韩愈官运好转，有可能与十二郎相聚的时候，突然传来十二郎去世的噩耗。韩愈尤为悲痛，写下这篇祭文。南宋学者赵与时在《宾退录》中写道："读诸葛孔明《出师表》而不堕泪者，其人必不忠。读李令伯《陈情表》而不堕泪者，其人必不孝。读韩退之《祭十二郎文》而不堕泪者，其人必不友。"《祭十二郎文》是一篇千百年来传诵不衰、影响深远的祭文名作，不管我们对文中的思想感情作如何评价，吟诵之下，都不能不随作者之祭而有眼涩之悲。

## 现代启示

"人非草木，孰能无情"，领导干部对家庭有情有义也是无可厚非，但这个度要把握好，不能出轨越界，走上违法犯罪的道路。作为领导干部，要清醒地认识到"严是爱，松是害"。领导干部的家风，不是个人小事、家庭私事，而是关系到作风能否端正、廉洁能否守住。古人云：欲治其国者，先齐其家。因此，作为党员干部个人，一定要树立"齐家"意识，净化家风，摒弃"宠妻、纵子、厚戚"的思想和行为，做到对配偶相亲相敬而不宠不娇，对子女关心疼爱而不娇不纵，对亲朋好友守正善待而不丧失原则。要在生活上严格要求家人立家规、树家风，加强对亲属和身边工作人员的教育和约束，真正肩负起从严管家、从严治家的责任，形成守德、守纪、守法的家庭风气，切不可把党和人民赋予的地位和权力，当作自己和家庭成员谋取私利的手段。

## 49.李白求学：只要功夫深，铁杵磨成针

## 典故出处

### 宋·祝穆《方舆胜览·眉州·磨针溪》

世传李白读书象耳山中，学业未成，即弃去，"过是溪，逢老媪方磨铁杵，问之，曰：'欲作针。'太白感其意，还卒业"。

## 译文

相传李白在象耳山中读书的时候，没有完成好自己的学业，就放弃学习离开了。他路过一条小溪，遇见一位老妇人在磨铁棒，于是问她在干什么，老妇人说："我想把它磨成针。"李白被她的精神感动，就回去完成学业。

## 家风故事

### 童第周：从"滴水穿石"到"为自己争气，为祖国争气"

童第周（1902—1979年），浙江鄞县（今宁波市鄞州区）人，生物学家、教育家、社会活动家，中国实验胚胎学的主要创始人，中国海洋科学研究的奠基人，生物科学研究的杰出领导者，开创了中国克隆技术之先河，被誉为"中国克隆之父"。

童第周出身于农民家庭，家境清贫。他小时候聪明好学，对于不懂的事物，总要问个为什么。父亲对他也十分疼爱，教他学习文

化知识，并且不断用生活中的事例来启发童第周，让他从小养成坚忍不拔的性格。一天，童第周发现屋檐下的石阶上整齐地排列着许多小水坑，他想了很久也没有搞明白是怎么回事，就跑去问父亲。父亲告诉他这是水滴滴出来的，童第周这下更不明白了：柔软的水滴怎么可能滴穿坚硬的石头呢？父亲说："一滴水当然滴不穿石头，但是成百上千滴水，日复一日地滴，经年累月就会滴穿，这就是人民常说的'滴水穿石'。"父亲的话在小童第周的心里激起了波澜，他似懂非懂地点了点头。

由于家贫，童第周十七岁才迈入学校的大门。他文化基础差，学习很吃力，第一学期期末考试，平均成绩才 45 分。校长要他退学，经他再三请求，才同意让他跟班试读一个学期。第二学期，童第周刻苦用功，经常"凿壁借光，囊萤映雪"。经过半年的努力，他终于赶上来了，各科成绩都不错，数学还考了 100 分。童第周看着成绩单，心想："一定要争气。我并不比别人笨。别人能办到的事，我经过努力，一定也能办到。"

在比利时留学时，童第周更加刻苦勤奋。旧中国贫穷落后，在世界上没有地位，中国学生在国外被同学瞧不起。童第周暗暗下了决心，一定要为中国人争气。当时童第周与其他国家的学生一起跟欧洲一位著名的教授学习，那位教授一直在做一项实验，需要把青蛙的卵的外膜剥掉。这个实验非常难做，成功率非常低，教授自己做了几年，没有成功。同学们谁都不敢尝试，只有童第周默不作声，私下里刻苦钻研，不断尝试。有时候坚持不住了，他就会想起父亲告诫他"水滴石穿"的故事。经过一次又一次的失败，终于成功了。

这件事震动了欧洲的生物学界。童第周激动地想："一定要争气。中国人并不比外国人笨。外国人认为很难办的事，我们中国人经过努力，一定能办到。"从"滴水穿石"到"为自己争气，为祖国争气"，父亲的话始终激励着童第周践行他"愿效老牛，为国捐躯"的誓言。

## ▎现代启示▎

水滴石穿，绳锯木断。坚持不懈、认真负责是一种精神，更是一种姿态。一个坚持不懈、认真负责的人，必定是对工作一丝不苟的人。很多人的日常工作日复一日、年复一年，没有多少惊天动地、惊心动魄，需要的是滴水穿石的耐心和周而复始的毅力，踏踏实实、扎扎实实、老老实实干工作，认真搞好调查研究，认真出谋划策建言，认真解决难事急事，只有时刻保持这样的态度，日积月累、聚沙成塔，个人的能力素质和专业化水平才会不断提升。

提升能力素质和专业化水平，一靠学习，二靠实践，在干中学、在学中干，干什么学什么、缺什么补什么。学习需要"挤时间"，每个人工作很忙，但绝不是不学习的借口，大块的时间不多，但零碎的时间还是有的，就看怎么去利用。学习需要"肯钻研"，必须下苦功夫，带着问题深思细悟，掌握精髓要义，善于融会贯通。学习需要"有韧劲"，滴水穿石，铁杵成针。作家格拉德威尔在《异类》一书中提出了著名的"一万小时定律"："人们眼中的天才之所以卓越非凡，并非天资超人一等，而是付出了持续不断的努力。1万小时的锤炼是任何人从平凡变成世界级大师的必要条件。"因此，要想成为某一方面的专家能手，就要学在经常、贵在有恒。要注重实践锻炼。刀在石上磨，人在事上练。同一个岗位，有的人很快成为业务骨干，有的人却始终没有起色，区别在于是不是用心，有没有在实践中多思考、多研究、多总结。必须坚持以知促行、以行求知，在知行合一上下功夫。

## 50. 李贺：男儿何不带吴钩，收取关山五十州

**典故出处**

### 唐·李贺《南园十三首·其五》

男儿何不带吴钩，收取关山五十州。

请君暂上凌烟阁，若个书生万户侯？

**译文**

男子汉大丈夫为什么不腰带武器，收取关山五十州呢？

请你且登上那画有开国功臣的凌烟阁去看，又有哪一个书生曾被封为食邑万户的列侯？

**家风故事**

### 冯如：飞机不成，誓不返国

飞机是 20 世纪初由美国莱特兄弟最早研制成功的。人们没想到的是，只过了几年时间，中国人就自己研制出了飞机。这个有志气的中国人叫冯如。冯如是广东的一个农民家庭的儿子。十二岁那年，他要出国谋生，父母舍不得他走，他说："大丈夫四海为家，一辈子守在家里，不是我的志愿！"他来到美国，刻苦学习机械、电学等各种知识和技术。1904 年，他听到祖国的东北被日俄侵略，中国人被任意屠杀的时候，气愤极了。当时美国莱特兄弟刚发明了

飞机，冯如就想，如果中国有了飞机，守住边疆海口，外国就不敢欺负了。他对朋友们说："我决定自己研制飞机，然后驾机回去，报效祖国。如果不成功，我情愿去死。"于是他四处搜寻资料，钻研学习，又用筹集到的很少一点资金，开始研制。父母亲想他，希望他回国探亲，他表示："飞机不成，誓不返国。"1909年，冯如成功地制出了飞机。他驾驶着自己的飞机在美国奥克兰上空飞行，航程超过了莱特兄弟的首次记录。美国报纸刊登文章说："中国人的航空技术超过西方。"冯如后来回国筹办航空事业，在一次飞行表演时不幸失事牺牲，年仅29岁。他为振兴中华作出了令人难忘的贡献。

## 现代启示

中华优秀传统文化中的爱国主义精神，凝结于五千年中国历史的河床之上，蕴藏于创造历史的人民之中，并在中华民族绵延发展的历史进程中，构筑起了无坚不摧的精神家园。爱国主义作为一种最深厚的民族情感，总是与一定时期内国家的历史任务要求、国家和民族的生死存亡相关联。进入近代以来，中国沦为半殖民地半封建社会，中华民族面临着亡国灭种的危险。为拯救民族于危难之中，一代代英雄儿女为民族复兴、国家富强奋勇抗争、抛头颅洒热血，进行了艰苦卓绝的斗争。100多年来，爱国主义始终是激励中华民族自强不息的强大力量，并在中国共产党团结带领全国各族人民进行革命、建设、改革的历史进程中，继续书写着爱国主义精神的辉煌篇章。当前，中国特色社会主义进入新时代，中华民族从来没有像今天这样如此接近自己的梦想。然而任何一项伟大事业的成功，都需要精神力量的强力支撑和持续推动。新时代是奋斗者的时代，是一个更需要弘扬爱国奋斗精神的时代。我们仍将处于初级阶段的历史方位，需要继续弘扬爱国奋斗精神；全面深化改革、扩大开放，需要继续弘扬爱国奋斗精神；实现全面建设社会主义现代化国家奋斗目标、夺取新时代中国特色社会主义伟大胜利，需要继续弘扬爱国奋斗精神。在新时代的大潮中击水行舟，唯有进一步弘扬爱国奋斗精神，才能攻坚克难、勇毅前行，才能奋楫扬帆、勇立潮头，进而才能实现中华民族的百年夙愿，实现中华民族的伟大复兴。

# 51.杜甫《望岳》：会当凌绝顶，一览众山小

**典故出处**

## 唐·杜甫《望岳》

岱宗夫如何？齐鲁青未了。

造化钟神秀，阴阳割昏晓。

荡胸生层云，决眦入归鸟。

会当凌绝顶，一览众山小。

**译文**

巍峨的泰山，到底如何雄伟？走出齐鲁，依然可见那青青的峰顶。

神奇自然汇聚了千种美景，山南山北分隔出清晨和黄昏。

层层白云，荡涤胸中沟壑；翩翩归鸟，飞入赏景眼圈。

定要登上泰山顶峰，俯瞰群山，豪情满怀。

**家风故事**

## 侯廷训的"三当如"家训

侯廷训，明朝正德十六年（1521年）进士，初任南京礼部主事，后来调到吏部任职。他刚踏上仕途，就碰到一场激烈的政治斗争。当时正德皇帝去世，没有儿子，只好让堂弟（即嘉靖皇帝）继

位，按照儒家的伦理，嘉靖皇帝应该先入继弘治皇帝（正德皇帝的父亲）为嗣。但嘉靖皇帝只认自己的亲生父亲，还要把自己去世的父亲追尊为皇帝。朝中的大小臣子分为两派，一派激烈反对，另一派却迎合上意而支持。侯廷训是反对派，因此事获罪，被逮送京城，抓到天牢里去。他的儿子侯一元当时只有十三岁，陪父上京，再三伏阙上书，经过三年申诉，侯廷训得到释放，被贬为泗州判官。后来，侯廷训又因为惩办有势力的官吏而被人诬陷，被罢黜为民。侯一元数次上书救父的故事，当时就感动了很多人。几十年后，明代著名的文学家茅坤，将他比为汉代卖身救父的缇萦，称他为"烈丈夫"，并说："缙绅大夫于今闻之，犹为歔欷而啮指饮泣者。"侯廷训曾说："为人当如高山大川，心事当如青天白日，度量当如海阔天空。"这就是著名的"三当如"家训。他虽然在仕途上不得志，但刚直的节操，一直受到士林的敬重。

## 现代启示

《共产党宣言》中说："共产党人不是同其他工人政党相对立的特殊政党，他们没有任何同整个无产阶级的利益不同的利益。"我们党来自人民，党的根基和血脉在人民。守公德，既指遵守社会公德，也包含有夙夜在公、胸怀天下之意。中国是有着 5000 多年历史的文明古国，历来注重家与国同构，民与邦共生，"天下一家"的价值理念深深根植于中华民族的血脉基因中。《礼记·礼运》中的"大道之行，天下为公"描绘的崇高而远大的人类美好社会理想和愿景，《大学》中的"修身齐家治国平天下"涵养的家国情怀，《孟子》中的"穷则独善其身，达则兼济天下"崇尚的品德胸怀，杜甫的"大庇天下寒士俱欢颜"的大爱之心，范仲淹的"先天下之忧而忧，后天下之乐而乐"的崇高精神，顾炎武的"天下兴亡，匹夫有责"的责任担当，这些中国人耳熟能详、日用而不觉的经典名句所传达出来的文化理念为一代又一代中国人所尊崇，体现出强烈的社会责任感和为国为民的大情怀。

中国共产党是中华优秀传统文化的传承者和弘扬者。毛泽东同志指出中华民族是有"人类正义心的伟大民族"，习近平总书记强调"中国共产党关注人类前途命运，同世界上一切进步力量携手前进，中国始终是世界和平的建设者、全球发展的贡献者、国际秩序的维护者"。我们追求的不仅仅是中国人民的福祉，也追求"各美其美，美人之美，美美与共，天下大同"的人类命运共同体，将中华优秀传统文化进行创造性转化、创新性发展，让中华优秀传统文化焕发出熠熠生辉的时代光芒，始终胸怀天下、立己达人，把为人类和平与发展贡献力量作为自己的追求，为世界发展进步贡献中国智慧。

## 52. 颜真卿《劝学》：黑发不知勤学早，白首方悔读书迟

**▎典故出处▎**

### 唐·颜真卿《劝学》

三更灯火五更鸡，

正是男儿读书时。

黑发不知勤学早，

白首方悔读书迟。

**▎译文▎**

每天三更半夜到鸡啼叫的时候，

正是男孩子们读书的最好时间。

少年时只知道玩，不知道要好好学习，

到老的时候才后悔自己年少时为什么不知道要勤奋学习。

**▎家风故事▎**

### 张旭教育颜真卿勤学苦练的故事

颜真卿出生于琅琊临沂，唐代有名的书法家，与赵孟頫、柳公权、欧阳询合称为"楷书四大家"，与柳公权并称为"颜筋柳骨"。颜真卿自幼丧父，家境贫寒。但他，母亲殷氏对他寄予厚望，实行严格的家庭教育，亲自督学。颜真卿也格外勤奋好学，每日苦读，

于开元二十二年（734 年）二月，进士甲科及第。后官至吏部尚书、太子太师，封鲁郡公。这首诗正是颜真卿为了勉励后人所作。

颜真卿勤奋好学，不懈练字。为了学习书法，颜真卿起初向褚遂良学习，后来又拜在张旭门下。但拜师以后，张旭却没有透露半点书法秘诀。他只是给颜真卿介绍了一些名家字帖，简单地指点一下字帖的特点，让颜真卿临摹。有时候，他带着颜真卿去爬山，去游水，去赶集、看戏，回家后又让颜真卿练字，或看他挥毫疾书。转眼几个月过去了，颜真卿得不到老师的书法秘诀，心里很着急，他决定直接向老师提出要求。

一天，颜真卿壮着胆子，红着脸说："学生有一事相求，请老师传授书法秘诀。"张旭回答说："学习书法，一要'工学'，即勤学苦练；二要'领悟'，即从自然万象中接受启发。这些我不是多次告诉过你了吗？"颜真卿听了，以为老师不愿传授秘诀，又向前一步，施礼恳求道："老师说的'工学''领悟'，这些道理我都知道了，我现在最需要的是老师行笔落墨的绝技秘方，请老师指教。"张旭还是耐着性子开导颜真卿："我是见公主与担夫争路而察笔法之意，见公孙大娘舞剑而得落笔神韵，除了苦练就是观察自然，别的没什么诀窍。"接着他给颜真卿讲了晋代"书圣"王羲之教儿子王献之练字的故事，最后严肃地说："学习书法要说有什么'秘诀'的话，那就是勤学苦练。要记住，不下苦功的人，不会有任何成就。"老师的教诲，使颜真卿大受启发，他真正明白了为学之道。从此，他扎扎实实勤学苦练，潜心钻研，从生活中领悟运笔神韵，进步很快，终成为一位大书法家，为"楷书四大家"之首。

## 现代启示

颜真卿的《劝学》这首诗深入浅出，自然流畅，富含哲理。作为有志气的人，要注意抓紧时间读书学习修身养性，最好的读书时间是在三更五更，晨读不息；而且只有年年月月刻苦坚持，才能真正学到报国兴家立业的本领。这首诗从学习的时间这一角度立意，劝勉年轻人不要虚度光阴，要及早努力学习，免得将来后悔。

学习是终身的事情。没有哪一个人不学习就能轻易得到知识。古人云："书山有路勤为径，学海无涯苦作舟。"有人曾问，世界上最可怕的事情是什么？答曰：停止成长，不再学习。如果一个人不再接受新的知识，他的世界将会暗无天日，光彩不再。2500多年前，孔子就把学习视为一种快乐的事情，说："发愤忘食，乐以忘忧，不知老之将至。"从孔子开始，读书已经成为一种风向标。"学而优则仕"，古代达官志士，没有哪一个是不读书的。当前，读书是人类获取知识、启智增慧、培养道德的重要途径，可以让人得到思想启发，树立崇高理想，涵养浩然之气。中华民族自古提倡阅读，讲究格物致知、诚意正心，传承中华民族生生不息的精神，塑造中国人民自信自强的品格。对此，习近平总书记专门号召广大党员、干部带头读书学习，修身养志，增长才干；号召孩子们养成阅读习惯，快乐阅读，健康成长；号召全社会都参与到阅读中来，形成爱读书、读好书、善读书的浓厚氛围，通过学习走向进步。

## 53.白居易《续座右铭并序》：勿慕贵与富，勿忧贱与贫

**典故出处**

### 唐·白居易《续座右铭并序》

勿慕贵与富，勿忧贱与贫。自问道何如，贵贱安足云。

闻毁勿戚戚，闻誉勿欣欣。自顾行何如，毁誉安足论。

无以意傲物，以远辱于人。无以色求事，以自重其身。

游与邪分歧，居与正为邻。于中有取舍，此外无疏亲。

修外以及内，静养和与真。养内不遗外，动率义与仁。

千里始足下，高山起微尘。吾道亦如此，行之贵日新。

不敢规他人，聊自书诸绅。终身且自勖，身殁贻后昆。

后昆苟反是，非我之子孙。

**译文**

不要羡慕富贵，不要忧虑贫贱。应该问问自己道德怎么样，贵贱不值一提。

听到诽谤不要忧伤，听到赞誉不要高兴。应该考察自己做得怎样，诽谤和赞誉不值得谈论。

不要骄傲自满，瞧不起人，以便远离别人的侮辱。不要用谄媚的脸色乞求侍奉别人，以便自己尊重自己。

出游要和邪恶分开，居家要与正直为邻。从中有取舍，此外没有亲疏。

修养外部以及内部，静静地保养和顺与纯真。修养内部也不要遗漏外部，行动要遵循义和仁。

千里之行，始于足下，高山是由微尘积累起来的。我们的道德也是这样，实行它贵在每天都自新。

不敢要求别人，姑且自己牢记。要一辈子自我勉励，死后传给子孙。

子孙如果违反了它，就不是我的子孙。

## ▌家风故事▐

### 白居易的教子诗：君家有贻训，清白遗子孙

白居易（772—846 年），字乐天，号香山居士，又号醉吟先生，祖籍山西太原，生于河南新郑。白居易是唐代伟大的现实主义诗人，唐代三大诗人之一。白居易三岁时，母亲便以诗书教导他。白居易在《襄州别架府君事状》里说道："夫人亲执诗书、昼夜教导、循循善诱，未尝以一呵一仗加之。十年余间，诸子皆以文学仕进，官至清近，实夫人慈训所致也。"这样润物细无声的家风熏陶之下，白居易渐渐养成了勤奋学习、清正为官、勤政爱民的品格。

白居易五十八岁时才有了一个儿子，取名阿崔。老年得子，人生幸事。白居易高兴地写了一首诗，说是"岂料鬓成雪，方看掌弄珠"。然而让人没有料到的是，阿崔三岁就夭折了。年过花甲的白居易说："欲题崔字泪先垂。"一写到"崔"字，眼泪都下来了。此后，白居易就把精力都放在侄儿们的教育上，写有多首"示子弟"诗。其中最著名的一首，是《遇物感兴因示子弟》诗："圣择狂夫言，俗信老人语。我有老狂词，听之吾语汝。吾观器用中，剑锐锋多伤。吾观形骸内，骨劲齿先亡。寄言处世者，不可苦刚强。龟性愚且善，鸠心钝无恶。人贱拾支床，鹊欺擒暖脚。寄言立身者，不

得全柔弱。彼固罹祸难，此未免忧患。于何保终吉，强弱刚柔间。上逆周孔训，旁鉴老庄言。不唯鞭其后，亦要轭其先。"

白居易在四十四岁那一年无端受到政治打击，被贬为江州司马。从此以后，他"面上灭除忧喜色，胸中消尽是非心"；看透了仕途的险恶，破灭了对名利的向往。他写了一首告诫子孙后代的诗，题目叫《闲坐看书贻诸少年》："窗间有闲叟，尽日看书坐。书中见往事，历历知福祸。多取终厚亡，疾驱必先坠。劝君少干名，名为锢身锁。劝君少求利，利是焚身火。"这是一首富含哲理的教子经，告诫我们如果过分追求名利，必将欲火焚身，自食其果。

白居易留给后世的"遗爱"，不仅有3000多篇广为传诵的诗文，不仅有造福子孙的政绩，更有白氏家族"清简为训、廉明公直""善政爱民、兼济天下"的良好家风家训，而白居易更用其一生书写了"唯歌生民病，愿得天子知""君家有贻训，清白遗子孙"的个人志向、人格典范。

## 现代启示

家是最小国，国是千万家。家风好，就能家道兴盛、和顺美满；家风差，难免殃及子孙、贻害社会。家族的发展和家风的传承密切相关，清廉、勤劳的家风能够保障家庭幸福美满，恩泽后代儿女，而贪腐、奢靡家风则会斩断家族命脉，殃及后世子孙。家风建设的目的就是让良好家风的阳光雨露，沐浴润泽党员干部修身立业之心志，涵养追求卓越的坚定信念。党员干部守好本分，就要把"修身、律己、治家"作为终身课题。要修身明是非。常修德，加强党性修养，坚定理想信念，追求高尚情操；勤修学，善于删繁就简、不辞细小、久久为功，按照党章党规党纪要求细照笃行，对照好干部标准躬身践行；重修心，坚守心灵净土，修炼深厚定力，懂得感恩知足，始终豁达乐观。要律己讲格调。恪守一个"正"字，经常审视思想有没有不健康苗头、情趣有没有庸俗化倾向、行为有没有不合时宜举动；讲究一个"严"字，给兴趣爱好"上把锁"，对外交往"划条线"，为八小时以外"设道岗"；把握一个"慎"字，慎对第一次，慎走无人处，慎待细微事，慎把终了时。要治家有规矩。好家风是清正廉洁的"保险栓"，坏家风是腐败堕落的"催化剂"。保持清醒头脑，以家教为本、传承好家教，以家风为体、涵养好家风，以家训为诫、经营好家庭，做到以德润身、以身示范、以廉齐家。

## 54. 李商隐《咏史》：历览前贤国与家，成由勤俭破由奢

**典故出处**

### 唐·李商隐《咏史二首·其二》

历览前贤国与家，成由勤俭破由奢。

何须琥珀方为枕，岂得真珠始是车。

运去不逢青海马，力穷难拔蜀山蛇。

几人曾预南薰曲，终古苍梧哭翠华。

**译文**

　　纵览历史上政治贤明的政权，其成功都源自勤俭节约，其衰败皆因为奢靡铺张。

　　为什么一定要琥珀才能做枕头，难道只有镶嵌珍珠的车才能算车？

　　时运不济，没有遇上千里马，精疲力竭难以拔除蜀山的大蛇。

　　这世界上有几个人曾听过舜帝所唱的《南风歌》，最终只能在舜帝葬处对着苍翠的华盖哭泣罢了。

**家风故事**

### 隋炀帝奢侈亡国的故事

　　杨广是隋文帝的次子，其兄杨勇为嫡长子，立为太子，是王位

的继承者。公元 604 年，隋文帝病卧仁寿宫，杨广与权臣杨素合谋，指使心腹入宫刺杀了隋文帝，后又伪造诏书处死杨勇，在公元 605 年称帝，是为隋炀帝，年号大业，并决定迁都洛阳。

隋炀帝是历史上有名的昏君、暴君，奢侈腐化，滥用民力，刑罚残酷。他即位的第一年，就每月使役 200 万人，在东都洛阳修造华丽的宫殿和花园，周围 200 里，内有方圆十几里的人工海，海中造有高出水面两丈余的蓬莱、方丈、瀛洲三山，山上建有各式台观殿阁。海北有龙鳞渠流入海中，沿渠修造了 16 院。他还从全国各地收罗奇材奇石，花草禽兽。有的大木，一根要用 2000 人搬运，运到洛阳要费几十万人工。

隋炀帝还经常出外巡游，北到榆林、长城，西到张掖，三下江南。每次巡游都要大肆挥霍勒索。公元 605 年第一次游江南，出动了各类船只数千艘，舳舻相接 200 余里，所过州县 500 里内皆令贡献食物，山珍海味多得吃不完就埋掉。回洛阳时走陆路，又下令征献各种毛羽皮骨，装饰车仗仪服，"用金银财物巨亿计"。地方官员为了多献礼物，以求升迁，都拼命搜刮，许多郡县竟强迫农民预交十年的租调。天灾人祸、苛捐杂税导致饿殍遍野、民不聊生，最终官逼民反，农民起义军沉重打击了隋炀帝，动摇了隋朝的统治根基。公元 618 年 3 月，隋朝权贵在江都发动兵变，缢杀了隋炀帝，隋朝灭亡。

## 现代启示

中国历史上有很多短命王朝，其中秦朝和隋朝的二世而亡，留给后人深刻的思考。隋朝的开国皇帝隋文帝杨坚是节俭朴素的君主，但篡夺王位的隋炀帝杨广却是个昏庸腐朽、残暴嗜杀、沉迷酒色、劳民伤财、荒淫逸乐、穷兵黩武的亡国之君。

隋炀帝的奢靡昏庸最直接的体现就是公元 610 年，即隋炀帝大业六年的元宵节。那一年的元宵佳节，邀请了不少外国大臣的使节和商人，目的是营造出一种万邦来朝的感觉。隋炀帝十分高兴，安排了盛大的宴会来招待，在全国各地征集各种奇巧技艺来表演。宴会当场，火光冲天，照彻天地，就算是夜晚也如同白昼。与此同时，随处可见各种珍玩器具、华裳丽服，场面十分壮观，而这场空间盛大的宴会据说耗费数以万计的钱财。不仅如此，隋炀帝为了表现出自己的富有，直接对参加宴会的外国使节和商人说，我们国家很富裕，随便吃喝，饮酒吃饭向来不用花钱。

上梁不正下梁歪。隋炀帝杨广的奢侈风引得全国各级官员的纷纷效仿，正所谓上行下效就是如此，一时之间，整个国家都是灯红酒绿、纸醉金迷、奢靡成风。隋炀帝杨广的穷奢极欲逐渐消耗了父亲隋文帝杨坚的积累，从而导致隋王朝迅速由盛转衰，并最终灭亡。历史上没有一个奢侈王朝和奢侈皇帝能够长久的，这是历史给我们的最大启发。只有崇尚勤俭节约的国家才能够把有限的人力物力和国家资源用在真正该用的地方，才能够最大限度地提高国力、发展生产、改善民生，才能保持和维护国家的长治久安。

## 55. 三苏家风：读书正业、孝慈仁爱、非义不取、为政清廉

**▎典故出处▎**

### 北宋·苏洵《名二子说》

轮辐盖轸，皆有职乎车，而轼独若无所为者。虽然，去轼则吾未见其为完车也。轼乎，吾惧汝之不外饰也。天下之车，莫不由辙，而言车之功者，辙不与焉。虽然，车仆马毙，而患亦不及辙，是辙者，善处乎祸福之间也。辙乎，吾知免矣。

**▎译文▎**

车轮、车辐、车盖、车轸，在车上都各有职能，而唯独车轼好像是没有用处的。虽然这样，如果去掉轼，那么我们看见的就不是一辆完整的车了。轼啊，我担心的是你不会掩饰自己的内心。天下的路没有不从辙上碾过的，而谈到车子的功劳，辙从来不参与。虽然这样，遇到车翻马死的灾难，祸患也从来波及不到辙。这辙啊，是善于处在祸福之间的。辙啊，我知道你是可以免于灾祸的。

**▎家风故事▎**

### 苏洵教子的故事

苏轼与其父苏洵、其弟苏辙以文学著称于世，世称"三苏"，均被列入"唐宋八大家"，文学造诣冠绝古今，少有超越者。《三字

经》中说："苏老泉，二十七，始发奋，读书籍。"出生在富裕家庭的苏洵，从小便不喜欢读书。后来，母亲的病故让已经成家的他意识到了养家的重要性，于是便开始发奋读书。比别人晚了20年之久的苏洵终日在书斋里读书，两耳不闻窗外事，一心只读圣贤书。

在苏轼的成长过程中，父亲这一角色起到了至关重要的作用。苏洵对孩子们十分严格，在家时对功课都有具体的安排，并会严厉催促，这让苏轼从小就饱读诗书。父亲常常游历名山大川，回到家中便会给苏轼和苏辙两兄弟讲述旅途见闻，这也让苏轼从小便见识不凡，胸怀天下，苏轼在年轻时就写下了"发愤识遍天下字，立志读尽人间书"的青春豪言。正是因为苏洵、苏轼、苏辙三人勤奋刻苦，孜孜不倦，才成就了一门"三苏"的千古佳话，也形成了苏氏一族"专于事物，读书正业"的优良传统。

苏洵在修编的《苏氏族谱》中告诫子孙："薄于为己而厚于为人，事父母极于孝，与兄弟笃于爱，与朋友笃于信。"正是苏洵的严格要求和教育，才形成了苏氏一族"兄友弟恭，孝慈仁爱"的良好家风。由于"乌台诗案"，苏轼获罪，苏辙自愿免除自身官职为哥哥赎罪。苏辙在为兄长所作的墓志铭中提到："我初从公，赖以有知。抚我则兄，诲我则师。"兄友弟恭，孝慈仁爱，苏轼和苏辙二人可谓典范。


**❙现代启示❙**

"一门父子三词客，千古文章四大家。"众所周知，"三苏"父子为文、为政、为人，历来被后人所推崇，这与其世代传承的优良"三苏家风"密不可分。"三苏家风"是"三苏"前后几代在家庭内部形成的"读书正业、孝慈仁爱、非义不取、为政清廉"的家庭风气，对家庭和个人有着积极启迪作用。

在四川眉山市中心城区，坐落着北宋著名文学家苏洵、苏轼、苏辙父子三人的故居三苏祠。2022年6月8日，习近平总书记在四川考察时，专门来到这里，了解"三苏"生平、主要文学成就和家训家风，以及三苏祠历史沿革、东坡文化研究传承等。习近平总书记指出，中华民族有着5000多年的文明史，我们要敬仰中华优秀传统文化，坚定文化自信。要善于从中华优秀传统文化中汲取治国理政的理念和思维，广泛借鉴世界一切优秀文明成果，不能封闭僵化，更不能一切以外国的东西为圭臬，坚定不移走中国特色社会主义道路。家风家教是一个家庭最宝贵的财富，是留给子孙后代最好的遗产。要推动全社会注重家庭家教家风建设，激励子孙后代增强家国情怀，努力成长为对国家、对社会有用之才。党员、干部特别是领导干部要清白做人、勤俭齐家、干净做事、廉洁从政，管好自己和家人，涵养新时代共产党人的良好家风。

## 56. 苏轼《晁错论》：古之立大事者，不惟有超世之才，亦必有坚忍不拔之志

### 北宋·苏轼《晁错论》

古之立大事者，不惟有超世之才，亦必有坚忍不拔之志。昔禹之治水，凿龙门，决大河而放之海。方其功之未成也，盖亦有溃冒冲突可畏之患；惟能前知其当然，事至不惧，而徐为之图，是以得至于成功。

### 译文

自古以来凡是做大事业的人，不仅有出类拔萃的才能，也一定有坚忍不拔的意志。从前大禹治水，凿开龙门，疏通黄河，使洪水东流入海。当他的整个工程尚未最后完成时，可能也时有决堤、漫堤等可怕的祸患发生，只是他事先就预料到会这样，祸患发生时就不惊慌失措而能从容地治理它，所以能够最终取得成功。

### 家风故事

#### 晁错削藩与西汉大一统

晁错（前200—前154年），颍川（今河南禹州）人，西汉政治家、文学家。汉文帝时，任太常掌故，后历任太子舍人、博士、太子家令；汉景帝即位后，任为内史，后迁至御史大夫。晁错发展

191

了"重农抑商"政策，主张纳粟受爵，增加农业生产，振兴经济；在抵御匈奴侵边问题上，提出"移民实边"的战略思想，建议募民充实边塞，积极备御匈奴攻掠；政治上，进言削藩，剥夺诸侯王的政治特权以巩固中央集权，损害了诸侯利益，以吴王刘濞为首的七国诸侯以"请诛晁错，以清君侧"为名，举兵反叛。景帝听从袁盎之计，腰斩晁错于东市。

晁错继承子孔子的"大一统"思想和法家限制、打击"父兄大臣"的思想，赞扬"高皇帝不用同姓为亲"的政策，坚决主张"削藩"，认为"今削之亦反，不削亦反"，"削之，其反亟，祸小；不削之，其反迟，祸大"。晁错的削藩主张是对贾谊"众建诸侯而少其力"思想的继承，然而其态度比贾谊更坚决。晁错始终抓住藩国中最强大也最危险的吴国，不断进行揭露，态度坚决。同时，晁错不只是一个政论家，更是一位政治实践家。晁错不仅有削藩的言论，而且参与了削藩的行动。晁错的策划下，景帝"削吴会稽、豫章郡"。

吴楚七国叛乱平息后，景帝下令诸侯王不得继续治理封国，由皇帝派去官吏；改革诸侯国的官制，改丞相为相，裁去御史大夫等大部官吏，使诸侯王失去了政治权力，中央政权的权力就大大加强，而诸侯王的力量就大大地削弱了。晁错虽然牺牲了自己的生命，却极大地巩固了西汉王朝的中央政权，并为汉武帝以"推恩令"进一步解决诸侯王问题，创造了必要的条件。

## 现代启示

志不强者智不达，言不信者行不果。中国共产党人始终坚守崇高而坚定的理想信念，牢记自己的初心和使命，发挥精神的能动力量，以坚忍不拔的奋斗精神，通过百折不挠的奋斗，正带领中国人民迎来从站起来、富起来到强起来的伟大飞跃。所谓坚忍不拔之志，就是指要有目标、有追求，有一股子精气神，无论是碰到困难处于低谷逆境还是遭到流言诋毁打击哪怕是处于绝境，总之，不管在什么情况下，都要坚忍不拔，百折不回，勇往直前，具有和展现满满的正能量。崇真向善就是追求真理、仁善和美好。对党员干部来说，就是要不断地追求马克思主义真理，用党的创新理论武装头脑，不断地学习弘扬我国红色文化、传统文化和社会主义先进文化，自觉培育和践行社会主义核心价值观，弘扬以爱国主义为核心的民族精神和以创新为核心的时代精神，有强烈的使命感和责任感，为民服务，为国尽力、夙夜在公，多谋利国利民之策，多办利国利民之事。

## 57. 包拯《家训》：不从吾志，非吾子孙

**｜典故出处｜**

### 北宋·包拯《家训》

后世子孙仕宦，有犯赃滥者，不得放归本家；亡殁之后，不得葬于大茔之中。不从吾志，非吾子孙。仰工刊石，竖于堂屋东壁，以诏后世。

**｜译文｜**

后代子孙中做官的人，凡犯了贪污财物罪而撤职的，都不许回老家；死了以后，也不许葬在家墓中。不听从我的意愿的，就不是我的子孙后代。并且刻此家训于石碑上，竖立于堂屋东壁，借以告诫后世。

**｜家风故事｜**

### 包青天的故事

包拯（999—1062 年），庐州合肥（今安徽合肥肥东）人，北宋名臣。包拯一生廉洁公正、立朝刚毅、不附权贵、铁面无私、英明决断、敢于替百姓申不平，故有"包青天"及"包公"之名。

包拯做开封知府时，包拯整顿吏风，改革诉讼制度，大开正门，使告状者可直接至公堂见官纳状，自陈冤屈，于是审案也更能

公正合理。当时东京多皇亲国戚、达官显贵，素以难以治理著称，而包拯立朝刚毅，凡以私人关系请托者，一概拒绝，因而将东京治理得"令行禁止"。也正因他执法严峻，不徇私情，"威名震动都下"，在他以天章阁待制职任知谏院时，弹劾权贵，"贵戚宦官为之敛手，闻者皆惮之"。

包拯的严于律己、廉洁著称也是十分突出的。二十三岁时，包拯受到出知庐州的刘筠嘉许，声名大盛，家乡有一豪富之家曾邀请他赴宴叙谈，一位李姓同学欣然欲往，而包拯却严肃地说："彼富人也，吾徒异日或守乡郡，今妄与之交，岂不为他日累乎。"可见，他为官前即确立了从政不徇私情的志向。

## 现代启示

包拯享有"清官"美誉，被奉为古代清廉官员的杰出代表。包拯对腐败深恶痛绝，曾在上皇帝的《乞不用赃吏疏》中说，"廉者，民之表也；贪者，民之贼也"，并要求严惩贪官污吏，永不录用。对此，包拯不仅时时严格要求自己，以身作则，还言传身教，激励和督促后世子孙清廉为官。在清廉家风影响下，包拯祖孙三代都克己奉公、廉洁守法，是深受百姓爱戴的清官。包拯次子包绶历任太常寺太祝、国子监丞等，一生清廉。包绶死后，箱囊之内除了书籍、著述外，别无他物。包拯之孙包永年曾任主簿、县令等，廉洁自守，死后连丧事都靠亲朋出资办理。

包拯著名的《书端州郡斋壁》诗曰："清心为治本，直道是身谋。秀幹终成栋，精钢不作钩。仓充鼠雀喜，草尽兔狐愁。史册有遗训，毋贻来者羞。"这首诗集中表达了包拯清白做人、清正做官和清廉做事的价值追求。古人尚且如此，身在新时代的我们必须引以为戒，坚定自己的理想、信念、目标，牢记全心全意为人民服务的宗旨，保持共产党人艰苦朴素、公而忘私的光荣传统，明大德、守公德、严私德，堂堂正正做人、清清白白做官、干干净净做事，坚持立党为公，执政为民，做到克己奉公、以俭修身，永葆清正廉洁的政治本色，始终做到心中有党、心中有责、心中有戒。

## 58.张载《西铭》：贫贱忧戚，庸玉汝于成也

**典故出处**

### 北宋·张载《西铭》

乾称父，坤称母；予兹藐焉，乃混然中处。故天地之塞，吾其体；天地之帅，吾其性。民，吾同胞；物，吾与也。

大君者，吾父母宗子；其大臣，宗子之家相也。尊高年，所以长其长；慈孤弱，所以幼其幼；圣，其合德；贤，其秀也。凡天下疲癃、残疾、惸独、鳏寡，皆吾兄弟之颠连而无告者也。

于时保之，子之翼也；乐且不忧，纯乎孝者也。违曰悖德，害仁曰贼，济恶者不才，其践形，惟肖者也。

知化则善述其事，穷神则善继其志。不愧屋漏为无忝，存心养性为匪懈。恶旨酒，崇伯子之顾养；育英才，颍封人之锡类。不弛劳而厎豫，舜其功也；无所逃而待烹，申生其恭也。体其受而归全者，参乎！勇于从而顺令者，伯奇也。

富贵福泽，将厚吾之生也；贫贱忧戚，庸玉汝于成也。存，吾顺事；没，吾宁也。

**译文**

《易经》的乾卦，表示天道创造的奥秘，称作万物之父；坤卦表示万物生成的物质性原则与结构性原则，称作万物之母。我如此藐小，却混有天地之道于一身，而处于天地之间。这样看来，充塞

于天地之间的，就是我的形色之体；而引领统率天地万物以成其变化的，就是我的天然本性。人民百姓是我同胞的兄弟姊妹，而万物皆与我为同类。

天子是我乾坤父母的嫡长子；而大臣则是嫡长子的管家。"尊敬年高者"，乃是为了礼敬同胞中年长的人；"慈爱孤苦弱小者"，乃是为了保育同胞中的幼弱之属。所谓的圣人，是指同胞中与天地之德相合的人；而贤人则是其中优异秀出之辈。天底下无论是衰老龙钟或有残疾的人、孤苦无依之人或鳏夫寡妇，都是我困苦而无处诉说的兄弟。

及时地保育他们，是子女对乾坤父母应有的协助。如此地乐于保育而不为己忧，是对乾坤父母最纯粹的孝顺。若是违背了乾坤父母这样的意旨，就叫作"悖德"，如此地伤害仁德就叫作"贼"。助长凶恶的人是乾坤父母不成材之子，而那些能够将天性表现于形色之身的人就是肖似乾坤父母的孝子。

能了知造物者善化万物的功业，才算是善于继述乾坤父母的事迹；能彻底地洞透造化不可知、不可测之奥秘，才算是善于继承乾坤父母的志愿。即便在屋漏隐僻独处之处也能对得起天地神明、无愧无怍，才算无辱于乾坤父母；时时存仁心、养天性，才算是事天奉天无所懈怠。崇伯之子大禹，是透过厌恶美酒，来照顾赡养乾坤父母的；颍谷守疆界的颍考叔，是经由点化英才、培育英才，而将恩德施与其同类。不松懈、继续努力，以使父母达到欢悦，这便是舜对天地父母所贡献的功劳；顺从父命，不逃他处，以待烹戮，这是太子申生所以被谥为"恭"的缘故。临终时，将从父母那里得来的身体完整地归还给乾坤父母的是曾参；勇于听从以顺父命的是伯奇。

富贵福禄的恩泽，是乾坤父母所赐，用以丰厚我的生活；贫贱忧戚，是用来帮助你成就一番事业的。活着的时候，我顺从事理；

死的时候，心安理得，我安宁而逝。

## 张载的苦心求学

张载，祖籍大梁（今开封），徙家凤翔郿县（今宝鸡眉县）横渠镇，人称横渠先生。北宋哲学家，理学创始人之一，其庙庭与周敦颐庙、邵雍庙、程颐庙、程颢庙合称"北宋五子"庙。

张载年少时，血气方刚，少年侠气，喜好谈兵论政，立志以武力收复失地、保卫边疆。二十一岁时，张载上书拜谒时任陕西经略安抚副使兼延州（今延安）知州的范仲淹，提出了自己的军事建议《边议九条》。范仲淹非常欣赏张载的才华，但他并不赞成张载投笔从戎，启发他"儒者自有名教可乐，何事于兵"，并勉励他从《中庸》读起，研读儒家经典。

张载听从了范仲淹的劝告，回到横渠，从此开启了苦心极力、埋头苦读的学习生涯。张载在自己的书房里写了一副对联，上联是"夜眠人静后"，下联是"早起鸟啼先"。历经十余年刻苦攻读，张载终于悟出了儒、佛、道互补、互通的道理，逐渐形成独特的关学体系。他不仅自己刻苦攻读，对弟弟张戬也十分严格，父亲去世的时候，张戬才五岁，张戬之所以后来能中进士，全依仗他的兄长张载的教诲。宋仁宗嘉祐二年（1057年），三十八岁的张载赴汴京（今开封）应考，时值欧阳修主考，张载与苏轼、苏辙兄弟同登进士，功成名就，终成一代大师。

## 现代启示

"为天地立心，为生民立命，为往圣继绝学，为万世开太平"是广为人知的"横渠四句"。"横渠四句"不仅是张载对自己的学术使命和人生理想的高度概括，而且还体现了历代知识分子的共同价值追求，因而具有极大的精神感召力，千百年来为人们所传诵不衰。与"横渠四句"相媲美的《西铭》也是备受赞誉而传诵不绝，这篇铭文虽然仅有200余字，但却为人们安身立命构筑了一个共同的精神家园，而且为社会理想蓝图的构建提供了一个宏阔的境界。直到今天，这篇铭文所描述的价值理想，所展现的人生追求，仍然有着积极而丰富的意义。

当前，世纪疫情与百年变局交织，全球经济陷入严重衰退，世界进入动荡变革期。面对世界百年未有之大变局，我们要在危机中育先机，于变局中开新局，就必须传承和发扬艰苦奋斗精神。艰难困苦、玉汝于成，没有艰辛就不是真正的奋斗，没有奋斗就没有真正的人生。每一个人都要勇于在艰苦奋斗中提升境界、磨砺意志、坚定信念。艰苦奋斗是共产党人的政治底色，也是我们党的优良传统，以毛泽东同志为代表的老一辈无产阶级革命家通过艰苦奋斗改变了我国一穷二白的面貌，今天，开启全面建设社会主义现代化国家新征程，仍然需要我们传承和发扬这种艰苦奋斗精神。艰难方显勇毅，磨砺始得玉成。展望未来，道阻且长，我们要持之以恒发扬艰苦奋斗精神，万众一心、顽强拼搏、矢志奋斗，继续创造新的人间奇迹。

## 典故出处

### 北宋·司马光《训俭示康》

顾人之常情，由俭入奢易，由奢入俭难。吾今日之俸岂能常有？身岂能常存？一旦异于今日，家人习奢已久，不能顿俭，必致失所。岂若吾居位、去位、身存、身亡，常如一日乎？呜呼！大贤之深谋远虑，岂庸人所及哉！御孙曰："俭，德之共也；侈，恶之大也。"共，同也；言有德者皆由俭来也。夫俭则寡欲，君子寡欲，则不役于物，可以直道而行；小人寡欲，则能谨身节用，远罪丰家。故曰："俭，德之共也。"侈则多欲。君子多欲则贪慕富贵，枉道速祸；小人多欲则多求妄用，败家丧身；是以居官必贿，居乡必盗。故曰："侈，恶之大也。"

## 译文

然而人之常情，由节俭进入奢侈很容易，由奢侈进入节俭就困难了。像我现在这么高的俸禄难道能够一直拥有？身躯难道能够一直活着？如果有一天我罢官或死去，情况与现在不一样，家里的人习惯奢侈的时间已经很长了，不能立刻节俭，那时候一定会导致无存身之地。哪如无论我做官还是罢官、活着还是死去，家里的生活情况都永久如同一天不变呢？唉！大贤者的深谋远虑，哪是才能平常的人所能比得上的呢？御孙说："节俭，是最大的品德；奢侈，是最大的恶行。"共，就是同，是说有德行的人都是从节俭做起的。

因为，如果节俭就少贪欲，有地位的人如果少贪欲就不被外物役使，可以走正直的路。没有地位的人如果少贪欲就能约束自己，节约费用，避免犯罪，使家室富裕，所以说："节俭，是各种好的品德共有的特点。"如果奢侈就多贪欲，有地位的人如果多贪欲就会贪恋爱慕富贵，不循正道而行，招致祸患，没有地位的人多贪欲就会多方营求，随意挥霍，败坏家庭，丧失生命，因此，做官的人如果奢侈必然贪污受贿，平民百姓如果奢侈必然盗窃别人的钱财。所以说："奢侈，是最大的恶行。"

**| 家风故事 |**

### 司马光教子的故事

在司马光生活的年代，社会风俗习惯日益变得奢侈腐化，人们竞相讲排场、比阔气，奢侈之风盛行——当差的走卒穿的衣服和士人差不多，下地的农夫脚上也穿着丝鞋，许多人为了酬宾会友常"数月营聚"，大操大办。这种习气上的奢靡，让熟悉历史的司马光感到深深的焦虑。司马光不喜华靡，注重节俭，十分注意教育孩子力戒奢侈，谨身节用。他在《答刘蒙书》中说自己"视地而后敢行，顿足而后敢立"。为了实现著书立说为治国鉴戒的理想，他15年始终不懈，经常抱病工作。他的亲朋好友劝他"宜少节烦劳"，他回答说："先王曰，死生命也。"这种置生死于不顾的工作、生活作风，使儿子和同僚们深受启迪。在生活方面，司马光节俭纯朴，"平生衣取蔽寒，食取充腹"，但却"不敢服垢弊以矫俗于名"。他常常教育儿子司马康说，食丰而生奢，阔盛而生侈。为使子孙后代避免蒙受那种不良社会风气的影响和侵蚀，司马光特意为其子司马康撰写了《训俭示康》家训，以教育儿子及后代继承发扬俭朴家风，永不奢侈腐化。

"一丝一粒，我之名节；一厘一毫，民之脂膏。"许多铸成大错的公职人员特别是党员干部，在反省自己一步步走向堕落罪恶的过程时，普遍反映出一点，就是起初从一些不起眼的小便宜、小动作、小利益开始，逐渐地放松了要求，降低了标准，继而突破了做人的基本道德底线，忽略了党员干部的基本原则，进而破坏了社会公德，最终陷入了贪污腐败、违纪违法的境地，对国家、对社会、对人民造成了无法弥补的巨大损失。法律没有例外，腐败没有特区，面对种种诱惑和考验，每一个党员干部都要树立党纪国法红线不能触碰的观念，都要牢记"手莫伸，伸手必被捉"的道理，始终用党纪国法要求自己、约束自己、规范自己，管好自己的嘴，不吃违规之餐；管好自己的手，不拿不义之财；管好自己的腿，不去是非之地，始终耐得住寂寞、守得住清贫、经得住诱惑、拒得了腐蚀。

## 60.岳母教子：敌未灭，何以家为？

**┃典故出处┃**

### 《宋史·岳飞传》

飞至孝，母留河北，遣人求访，迎归。母有痼疾，药饵必亲。母卒，水浆不入口者三日。家无姬侍。吴玠素服飞，愿与交欢，饰名姝遗之。飞曰："主上宵旰，岂大将安乐时？"却不受。玠益敬服。少豪饮，帝戒之曰："卿异时到河朔乃可饮。"遂绝不饮。

帝初为飞营第，飞辞曰："敌未灭，何以家为？"或问："天下何时太平？"飞曰："文臣不爱钱，武臣不惜死，天下太平矣。"

**┃译文┃**

岳飞很孝顺，他的母亲留在黄河以北，他就派人去寻找他母亲，并且接了回来。他的母亲有病，经久难愈，岳飞就一定要亲自给母亲喂药。岳飞的母亲去世，岳飞三天不吃不喝。家中没有婢女伺候，吴玠一向敬仰岳飞，愿意与他结为好友，打扮了一个美女送给他。岳飞说："皇上终日为国事操劳，怎能是臣子贪图享乐之时？"岳飞没有接受，将美女送回。吴玠就更加敬仰岳飞了。岳飞嗜酒，皇帝告诫他："你等到了河朔，才可以这样喝酒。"于是从此不再饮酒。

皇帝曾经想要给岳飞建造一个住宅，岳飞推辞道："敌人尚未被消灭，怎么能安家呢？"有人问："天下何时才会太平？"岳飞说：

"文官不贪财，武将不怕死，天下就太平了。"

## | 家风故事 |

### 岳母刺字的故事

岳飞（1103—1142年），字鹏举，北宋相州汤阴县永和乡孝悌里人。中国历史上著名战略家、军事家、抗金将领。岳飞在军事方面被誉为宋、辽、金、西夏时期最为杰出的军事统帅、连接河朔之谋的缔造者；同时，他又是两宋以来最年轻的建节封侯者。南宋"中兴四将"（岳飞、韩世忠、张俊、刘光世）之首。

岳飞小时候家里非常穷，母亲用树枝在沙地上教他写字，还鼓励他好好儿锻炼身体。岳飞勤奋好学，不但知识渊博，还练就了一身好武艺，成为文武双全的人才。当时，北方的金兵常常攻打中原。母亲鼓励儿子报效国家，并在他背上刺了"精忠报国"四个大字。孝顺的岳飞不敢忘记母亲的教诲，那四个字成为岳飞终生遵奉的信条。每次作战时，岳飞都会想起"精忠报国"四个大字，由于他勇猛善战，取得了很多战役的胜利，立了不少功劳，名声也传遍了大江南北。

## | 现代启示 |

人民有信仰，民族有希望，国家有力量。中华民族的伟大复兴不仅需要丰富的物质资源，同时也需要强大的精神力量。进入新时代后，中华民族伟大复兴处于一个十分重要的关键节点，在这个关键时期需要更好地统一思想、凝聚共识，汇聚力量，需要更好地弘扬以爱国主义为核心的民族精神和以改革创新为核心的时代精神，尽可能地将14亿多中华儿女的智慧和力量汇集起来，为实现中华民族伟大复兴提供共同精神支柱和强大精神动力。

　　爱国主义不仅仅是一种情感，还包含着十分复杂的思想内涵，体现了人们对自己祖国的深厚感情，反映了个人对祖国的依存关系，是人们对自己故土家园以及民族和文化的归属感、尊严感和荣誉感的统一。它是调节个人与祖国之间关系的道德要求、政治原则和法律规范，也是民族精神的核心。爱国主义的内容十分丰富，既包括爱祖国的大好河山、悠久文化，也包括对国家的道路、理论、制度和文化的认同，对民族的自豪感、尊严感和责任感，还包括自觉维护祖国的利益、投身于祖国建设的行动，等等。

　　爱国主义始终是把中华民族坚强团结在一起的精神力量。我们要在全党全社会大力弘扬以爱国主义为核心的民族精神和以改革创新为核心的时代精神，坚持爱国、爱党、爱社会主义相统一，自觉培养爱国之情、砥砺强国之志，不断增强团结一心的精神纽带、自强不息的精神动力，永远朝气蓬勃地迈向未来。中国特色社会主义进入新时代，中华民族从来没有像今天这样如此接近自己的梦想。然而任何一项伟大事业的成功，都需要精神力量的强力支撑和持续推动。新时代是奋斗者的时代，在新的赶考路上，唯有进一步弘扬爱国主义精神，才能攻坚克难、勇毅前行，才能奋楫扬帆、勇立潮头，进而才能实现中华民族的百年夙愿，建成富强民主文明和谐美丽的社会主义现代化强国。

## 61. 欧阳修《诲学说》：玉不琢不成器，人不学不知道

**┃典故出处┃**

### 北宋·欧阳修《诲学说》

玉不琢，不成器；人不学，不知道。然玉之为物，有不变之常德，虽不琢以为器，而犹不害为玉也。人之性，因物则迁，不学，则舍君子而为小人，可不念哉？

**┃译文┃**

如果玉不雕琢，就不能制成器物；如果人不学习，就不会懂得道理。然而玉这种东西，有它永恒不变的特性，即使不雕琢制作成器物，但是不会妨碍它是玉。人的本性，受到外界事物的影响就会发生变化。因此，人如果不学习，就要失去君子的高尚品德，从而变成品行恶劣的小人，难道不值得深思吗？

**┃家风故事┃**

### 欧母"画荻教子"的故事

欧阳修出生后的第四年，父亲就离开了人世，于是家中生活的重担全部落在欧阳修的母亲郑氏身上。眼看欧阳修就到上学的年龄了，郑氏一心想让儿子读书，可是家里穷，买不起纸笔。有一次她看到屋前的池塘边长着荻草，突发奇想：用这些荻草秆在地上写字

不是也很好吗？于是她用荻草秆当笔，铺沙当纸，开始教欧阳修练字。欧阳修跟着母亲的教导，在地上一笔一画地练习写字，反反复复地练，错了再写，直到写对写工整为止，一丝不苟。这就是后人传为佳话的"画荻教子"。幼小的欧阳修在母亲的教育下，很快爱上了诗书。每天写读，积累越来越多，很小时就已能过目成诵。

## ▍现代启示▍

学习是个人成长以及干好工作的前提和基础。当前，国内外经济、政治形势复杂多变，科学技术日新月异，工作生活也不断遇到新情况、新问题，每一个人特别是领导干部都要把学习当作需要和责任，作为一种境界、一种品质、一种胸怀来追求和培养。党的十八大以来，以习近平同志为核心的党中央对领导干部学习高度重视。习近平总书记多次强调，领导干部学习不学习不仅仅是自己的事情，本领大小也不仅仅是自己的事情，而是关乎党和国家事业发展的大事情，从历史上看，我们党依靠学习走到今天，也必然依靠学习走向未来。面对新的形势、使命和任务，我们要不忘初心、牢记使命，攻坚克难、继续前进，重要的是抓好领导干部这个"关键少数"，推动全党全社会大兴学习之风。因此，我们要牢固树立终身学习意识，始终保持求知若渴的精神和持之以恒的态度，"真学""勤学"和"善学"，学深、学透、学精，力求学以致用、知学合一，切忌一知半解、浅尝辄止。不仅要向书本学习，更要向实践学习、向基层学习。要运用学习成果，总结先进经验，积累优秀思想，丰富人生实践，把感性认识升华为理性认识，成为指导工作的内在动力。在学习中不断提升自身素质，努力把自己培养锻炼成坐下来能写、站起来能讲、走出去能干的"三能"型领导干部。

## 62. 欧阳修《与十二侄》：如有差使，尽心向前，不得避事

**典故出处**

### 北宋·欧阳修《与十二侄》

自南方多事以来，日夕忧汝，得昨日递中书，知与新妇、诸孙等各安，官守无事，顿解远想。吾此哀苦如常。欧阳氏自江南归朝，累世蒙朝廷官禄；吾今又被荣显，致汝等并列官裳，当思报效。偶此多事，如有差使，尽心向前，不得避事。至于临难死节，亦是汝荣事；但存心尽公，神明亦自佑汝。慎不可思避事也！昨书中言欲买朱砂来，吾不阙此物。汝于官下宜守廉，何得买官下物？吾在官所，除饮食物外，不曾买一物。汝可安此为戒也。已寒，好将息。不具。吾书送达通理十二郎。

**译文**

自从南方发生战事以来，我日夜为你担忧。昨日接到递来当时书信，知道你与侄媳妇及各位侄孙皆安好，守着官署，平安无事，我的心总算放了下来。我此时还像日常一样哀苦。我们欧阳家族自从在江南归附明主，数代承蒙朝廷恩惠，享受朝廷俸禄。如今我又承蒙皇上恩宠获得如此显耀的职位，也使你们获得门荫成为官员，应当出力报效朝廷。你身处多事之地，如国家有所派遣，你应该尽力向前，不得逃避。即使遇难为保全节操而死，也是你最大的光荣。只要你有为国尽忠之心，神明就会保佑你，你千万不要想着

如何去逃避王事。昨天来信中提到要买朱砂送来给我。我不缺少朱砂，你为官应当廉洁，怎么能买官府控制下的物品朱砂呢？我在任上，除饮食等物品外，不会去购买任所内任何其他物品，你也可以以此为戒。天已寒冷，你要好好保重。我就不一一详说了。这封书信是送给欧阳通理十二郎的。

**| 家风故事 |**

### 苟坝会议：一盏马灯照亮红军征途

1935年3月10日，时任中共中央总书记张闻天在遵义县第十二下区平安乡苟坝新房子召集驻苟坝的中央政治局委员、候补委员，中央革命军事委员会委员和部分中革军委局以上首长开会，专题讨论进不进攻打鼓新场问题。在这个持续开到深夜的会上，除毛泽东之外的所有与会领导，都一致赞同进攻打鼓新场。

1935年3月10日深夜，毛泽东提着一盏昏黄的马灯，带着坚定的信念，顶着寒风，匆匆走了几公里小路，赶到周恩来驻地时已是凌晨3时50分。在一番劝说下，周恩来接受了毛泽东的意见，把命令暂时晚一点发，再想一想。第二天，苟坝会议继续进行，毛泽东、周恩来、朱德详细分析敌我形势，力陈利弊，加上最新情报显示敌人正从三个方向向打鼓新场集结，如果红军在进攻就会腹背受敌。最终，张闻天在3月11日立即召开紧急会议，会上否决了攻打打鼓新场的作战计划，毛泽东重新掌握了军事指挥权，由毛泽东、周恩来、王稼祥组成的新"三人团"确立。为了党的革命事业，毛泽东同志力排众议，义无反顾，在苟坝深夜提着马灯，走了好几公里的小路找周恩来同志谈自己的看法，反对当时最高决策层作出的错误决策，在关键时刻为党、为红军避免了灾难性的损失，这是一种事不避难的责任和担当。

## 现代启示

担当就是承担并负起责任，是人们在职责和角色需要的时候，毫不犹豫，责无旁贷地挺身而出，全力履行自己的义务，并在承担义务当中激发自己的全部能量。担当是一种责任、一种自觉、一种境界、一种修养。2013 年 6 月 28 日，习近平总书记在全国组织工作会议上对敢于担当精神的内涵作了"五个敢于"的高度提炼和深刻阐释：敢于担当，党的干部必须坚持原则、认真负责，面对大是大非敢于亮剑，面对矛盾敢于迎难而上，面对危机敢于挺身而出，面对失误敢于承担责任，面对歪风邪气敢于坚决斗争。担当就是责任，好干部必须有责任重于泰山的意识，坚持党的原则第一、党的事业第一、人民利益第一，敢于旗帜鲜明，敢于较真碰硬，对工作任劳任怨、尽心竭力、善始善终、善作善成。我们党成立之初就以救国救民、解放天下劳苦大众为己任，这是一种担当。

对每一名共产党员来说，我们的第一身份是共产党员。我们的第一职责是为党工作。说一千，道一万，关键要靠干。"干部干部，干字当头"，有多大担当才能干多大事业，尽多大责任才会有多大成就。我们的党员干部，每个人都有自己的职责，每个人都应该有自己的担当。我们既然选择了一份职业，既然党把我们安排在了一个职位，就应该接受它的全部，千万不能只想当官不想干事，只想揽权不想担责，只想出彩不想出力，只想享受这个职业这个岗位给你的待遇，却不愿承担它带来的艰辛。

## 63.司马光：贤而多财，则损其志；愚而多财，益损其过

**典故出处**

### 《资治通鉴·汉纪》

广、受归乡里，日令其家卖金共具，请族人、故旧、宾客，与相娱乐。或劝广以其金为子孙颇立产业者，广曰："吾岂老悖不念子孙哉！顾自有旧田庐，令子孙勤力其中，足以共衣食，与凡人齐。今复增益之以为赢馀，但教子孙怠堕耳。贤而多财，则损其志；愚而多财，则益其过。且夫富者众之怨也，吾既无以教化子孙，不欲益其过而生怨。又此金者，圣主所以惠养老臣也，故乐与乡党、宗族共飨其赐，以尽吾馀日，不亦可乎！"于是族人悦服。

**译文**

疏广和疏受回到家乡，每天都命家人变卖黄金，设摆宴席，请族人、旧友、宾客等一起取乐。有人劝疏广用黄金为子孙购置一些产业，疏广说："我难道年迈昏庸，不顾子孙吗！我想到，我家原本就有土地房屋，让子孙们在上面勤劳耕作，就足够供他们饮食穿戴，过与普通人同样的生活。如今再要增加产业，使有盈余，只会使子孙们懒惰懈怠。贤能的人，如果财产太多，就会磨损他们的志气；愚蠢的人，如果财产太多，就会增加他们的过错。况且富有的人是众人怨恨的目标，我既然无法教化子孙，就不愿增加他们的过错而产生怨恨。再说这些金钱，乃是皇上用来恩养老臣的，所以我

愿与同乡、同族的人共享皇上的恩赐，以度过我的余生，不也很好吗！"于是族人都心悦诚服。

### 宁邑二疏：散尽钱财为教子

历史上被人称为"宁邑二疏"的就是疏广、疏受这一对叔侄。他们两个从小都乐于学习，精通五经六艺，先后都被朝廷征召为官，曾为太子太傅与太子少傅，共同教育太子，传授其知识和为人之道。因为教导有方，太子进步神速，甚得帝心。他们辞官时，帝重赏之。

二疏回到故里之后，不是过上奢靡的生活，而是将钱财赠予乡里。有人劝他给子孙留点，疏广却说："有才德的人如果钱财多，就会削弱他的意志；愚笨的人如果钱财多，就会增加他的过失。我如果把钱留给子孙，他们有了依靠，就会变得懒惰，不思进取，这样做不是害了他们吗？现在，他们虽然没有得到我的财产，但只要勤奋劳作，一样会过上幸福的日子。"

疏广、疏受辞世后，为了纪念这两位宁邑先贤，将其故里分别命名为"东疏"和"西疏"，取名为"二疏城"，在他们散金的地方，立下一个石碑，名为"散金台"。两疏之举被后世用来作为"功遂身退"的典故，《千字文》里"两疏见机，解组谁逼"说的就是这个典故。300年后，著名文学家陶潜路过宁阳时，赋五言《咏二疏》："大象转四时，功成者自去。借问衰周来，几人得其趣。游目汉庭中，二疏复此举。"对两疏给予了高度赞扬。

习近平总书记指出，"家庭是社会的基本细胞，是人生的第一所学校。不论时代发生多大变化，不论生活格局发生多大变化，我们都要重视家庭建设"。家庭建设的根本任务是树立良好家风，涵养优秀品德。疏广以自己的实际行动教育子女要自食其力，寓教于理，值得借鉴。疏广散尽钱财教子的故事其实讲述的是古人如何处理如何教育子女的方法和理念。"生于忧患，死于安乐"。谁都知道让子孙们活在安逸的环境中，那么他们就会丧失斗志，只会逐渐地沦陷，此举百害而无一利。只有让他们能够不断地奋斗，才能够不断打造更加健全的人格，成就更加有意义的人生。

古人常说，有恒产者有恒心，但对待财产，古人有着清醒的认识。子曰"富而有礼"，孟云"达则兼济天下"，这都是仁者智者所为，他们虽处优越环境，却能把握自己，按规则行事，有余财而济苍生。有些人则不然，虽说贤明，但被财多蒙住了双眼，也因为财多而少了忧患意识，因此失去了进取心，丧失了远大的志向；而愚蠢的人，或许有钱，而生骄纵心，而有傲物心，有的人目无一切，无法无天，无所不为。他们不能利用钱财为仁举义，却因财多而为非作歹。鉴于此，明智之人，宁可为后代积书，也不为后代积财。所以，清代民族英雄林则徐曾据此写了一副对联："子孙若如我，留钱做什么？贤而多财，则损其志；子孙不如我，留钱做什么？愚而多财，益损其过。"

家庭教育的关键是父母要具备正确的道德认知，用正确思想、正确行动、正确方法培养孩子，使孩子从小养成好思想、好品行、好习惯，以正确世界观、人生观、价值观积极处事，以高尚品德融入社会，以健全人格成就自我，从而真正达到立德树人的目标要求。家是最小国，国是千万家。重视家庭家教家风建设，既事关一个人、一个家庭的兴衰荣辱，同时又事关一个民族、一个国家的前途命运。随着经济社会的快速发展，家庭结构和生活方式正在发生显著变化，家教家风也必然会随之发生变化。在新时代新征程，我们更需要通过家庭家教家风建设来构建良好党风、政风、社风，为中华民族伟大复兴提供坚强保障。

64.《二程集》：一心可以丧邦，一心可以兴邦，只在公私之间尔

**北宋·程颢、程颐《二程集·河南程氏遗书·卷第十一》**

仲弓曰："焉知贤才而举之？"子曰："举尔所知。尔所不知，人其舍诸？"便见仲弓与圣人用心之大小。推此义，则一心可以丧邦，一心可以兴邦，只在公私之间尔。

**译文**

仲弓问："怎样发现并选拔贤才呢？"孔子说："选拔你所知道的。至于你不知道的贤才，别人难道还会埋没他们吗？"由此可见仲弓与孔子用心之大小。当政者是否具有公心，关乎国家兴亡。有了公心，可以使国家兴盛；没有公心，一切从私心出发，会使国家灭亡。

**家风故事**

### 杨时程门立雪的故事

程颢字伯淳，又称明道先生。程颐字正叔，又称伊川先生。他们是北宋理学家和教育家，为宋明理学的奠基者，人称"二程"。程颐、程颢两兄弟的直传弟子很多，较有名的有 80 余人，其中吕

大临、杨时、谢良佐、游酢被称为"程门四先生"。杨时精通史学，能文善诗，人称龟山先生。他年轻时就考中了进士，为了继续求学，放弃了做官的机会，奔赴河南拜二程为师，钻研学问。有一天，杨时和游酢前来拜见程颐，在窗外看到老师在屋里打坐。他俩不忍心惊扰老师，又不放弃求教的机会，就静静地站在门外等他醒来。可天上却下起了鹅毛大雪，并且越下越大，杨时和游酢仍一直站在雪中。等程颐醒来后，门外的积雪已有一尺厚了。这时，杨时和游酢才踏着一尺深的积雪走进去。后来杨时成为天下闻名的大学者，这件事也被作为尊师重道的范例，传为学界佳话，由此演变为成语"程门立雪"。

**▌现代启示▐**

习近平总书记指出，"衡量党性强弱的根本尺子是公、私二字"。领导干部手中掌握着公权力，掌管着公共资源，公私分明、秉公用权，是起码的政治道德和为政操守。只有一心为公，事事出于公心，才能有正确的是非观、义利观、权力观、事业观。因此，领导干部要讲大公无私、公私分明、先公后私、公而忘私，只有这样，才能坦荡做人、谨慎用权，才能光明正大、堂堂正正。

党和国家的一切权力属于人民。领导干部手中的权力是党和人民赋予的，是为党和人民做事用的，只能用来为党分忧、为国干事、为民谋利。大道至简，有权不可任性，法无授权不可为、法定职责必须为。党员干部要想做到个人干净，必须严以律己、严以用权。现在，有些干部把权力用偏了、用歪了、用邪了。有的把公权力当成谋私利的工具；有的不与组织交心交肺，却与利益相关人勾肩搭背，大搞利益输送；有的心存侥幸，对中央三令五申置若罔闻，对反"四风"高压势态视而不见，不收敛不收手；还有个别部门和干部仍存在软拖硬磨、吃拿卡要等现象。究其根源，主要是公私天平失衡、法纪意识淡薄。"一心可以丧邦，一心可以兴邦，只在公私之间尔"，领导干部犯不犯错误，往往也在一念之间。如果凡事出于公心，为国计民生计，就会自觉严以用权、严以律己。如果奉行"人不为己天诛地灭、有权不用过期作废"，必然腐化堕落、以权谋私、贪赃枉法。如果心中无党纪、眼里无国法，出事是必然，不出事才是偶然。

## 65.《宋史·杨业传》：致王师败绩，何面目求活耶

### 典故出处

#### 《宋史·杨业传》

业力战，自午至暮，果至谷口。望见无人，即拊膺大恸，再率帐下士力战，身被数十创，士卒殆尽，业犹手刃数十百人。马重伤不能进，遂为契丹所擒，其子延玉亦没焉。业因太息曰："上遇我厚，期讨贼捍边以报，而反为奸臣所迫，致王师败绩，何面目求活耶！"乃不食，三日死。

### 译文

杨业奋力战斗，从中午一直打到傍晚，果然他到达了谷口。望见谷口无救兵，就捶胸悲恸。只能接着率部下兵士奋力作战，受伤达几十处，士兵们也几乎全部战死，杨业还亲手斩杀了百十来个敌人。后来因为战马受了重伤，无法前进，于是被契丹军队俘虏。他的儿子杨延玉也在这次战斗中牺牲。杨业于是仰天长叹道："太宗皇帝待我恩重，我本来指望可以讨伐敌人、保卫边疆来报答皇恩，谁知却被奸臣逼迫出兵，致使军队遭惨败，我还有什么脸面活下来呢！"于是绝食三天而死。

## 杨家儿孙，无论将宦，必以精血肝胆报国

杨家是北宋初年著名的军事家族，其保家卫国故事在北宋中叶就已迅速流传于天下，故事主要描绘的是杨业、杨延昭等人保家卫国的事迹。杨家将人称杨门忠烈，一家人效忠国家，英勇抗敌，誓死保家卫国。他们的忠义故事被小说、电视广为传颂，演义里的杨家将有十代人，其实真实的杨家将只有杨业、杨延昭、杨文广三代人，但他们的忠君爱国事迹广为人知，名扬天下。

五代时，杨业先担任保卫指挥使，以骁勇著称，以功升迁到建雄军节度使。由于杨业战功卓著，国人号称其"无敌"。曾任北汉建雄军节度使，归宋后，成为抗辽名将，人称"杨无敌"。

杨业的儿子杨延昭自幼便跟随杨业出征，每次都是充当先锋，有万夫莫当之勇。杨业殉国后，杨延昭负责河北延边的抗辽重任，在边防驻守20年，他驻守期间大宋边境国若金汤，他守卫的遂城被称为"铁遂城"，威震边庭。他的威名也让辽人闻风丧胆！

杨文广是杨延昭的儿子。作为杨家将的后代，杨文广确实没有建立能跟他爷爷与父亲相提并论的功绩，但是杨文广却继承了杨家将的忠义，他始终没有忘记父辈收复幽州、平定北方的理想，终生一直在为此努力。

| 现代启示 |

2018年，习近平总书记在同全国妇联新一届领导班子成员集体谈话时，讲到北宋杨家的家风时说：北宋杨家兴隆三代，将帅满门，人人忠肝义胆、战功卓著。究其缘由，不由让人感叹"杨家儿孙，无论将宦，必以精血肝胆报国"之家风的分量。对杨家将的爱国情、报国行和杨门的爱国主义家风给予了充分肯定。

从历史上来看，爱国主义是人类发展、时代更迭的永恒主题，是一个国家在漫长发展历程中形成的崇高理想。从起源上看，我们的爱国主义是每一个中华儿女对生养自己的国土故乡的一种深切依恋之情，是全国各族人民在历经磨难困苦后对国家民族情感的一种集体心理认同，是最为崇高的思想品德和最为终极的道德力量。尽管在中华民族的形成发展过程中，经历过国家分裂、社会动荡的黑暗时期，也有过外族入侵、生灵涂炭的屈辱时刻，但在中华民族几千年绵延发展的历史长河中，爱国主义始终是激昂的主旋律，始终是激励全国各族人民自强不息的强大力量。"汉奸""卖国贼"虽然在历史上各个时期都不乏其人，但毕竟是极少数；卖国叛族、认贼作父行为虽然在各个时期都时有发生，但这种行为始终不是历史发展的主流趋势，而且这些民族败类更是被一一钉入了历史的羞辱柱中，永世都不能解脱，这种终极意义上的负面评价和道德惩罚对任何卖国者来说，都是一个巨大的心理震慑。

## 66. 范仲淹《告诸子及弟侄》：自家且一向清心做官，莫营私利

### 北宋·范仲淹《告诸子及弟侄》

吾贫时，与汝母养吾亲，汝母躬执爨而吾亲甘旨，未尝充也。今得厚禄，欲以养亲，亲不在矣。汝母已早世，吾所最恨者，忍令若曹享富贵之乐也。

吴中宗族甚众，于吾固有亲疏，然以吾祖宗视之，则均是子孙，固无亲疏也，尚祖宗之意无亲疏，则饥寒者吾安得不恤也。自祖宗来积德百余年，而始发于吾，得至大官，若享富贵而不恤宗族，异日何以见祖宗于地下，今何颜以入家庙乎？

京师交游，慎于高论，不同当言责之地。且温习文字，清心洁行，以自树立平生之称。当见大节，不必窃论曲直，取小名招大悔矣。

京师少往还，凡见利处，便须思患。老夫屡经风波，惟能忍穷，帮得免祸。

大参到任，必受知也。为勤学奉公，勿忧前路。慎勿作书求人荐拔，但自充实为妙。

将就大对，诚吾道之风采，宜谦下就畏，以副士望。

青春何苦多病，岂不以摄生为意耶？门才起立，宗族未受赐，有文学称，亦未为国家所用，岂肯循常人之情，轻其身泪其志哉！

贤弟请宽心将息，虽清贫，但身安为重。家间苦淡，士之常也，

省去冗口可矣。请多着功夫看道书，见寿而康者，问其所以，则有所得矣。

汝守官处小心不得欺事，与同官和睦多礼，有事只与同官议，莫与公人商量，莫纵乡亲来部下兴贩，自家且一向清心做官，莫营私利。当看老叔自来如何，还曾营私否？自家好，家门各为好事，以光祖宗。

## 译文

我穷的时候，和你母亲赡养我母亲，你母亲亲自烧火做饭，而我亲自预先代尝咸淡，从来不曾充裕过。现在有了丰厚的俸禄，想用它赡养母亲，母亲已经不在了。你母亲已经早早去世了，我最遗憾的是，不得不让你们享受富贵之乐。

吴中亲族很多，和我固然有的血缘关系亲近有的疏远。然而从祖宗的角度来看，就都是祖宗的子孙，当然没有亲疏之分。既然在祖宗看来无所谓亲疏，那忍饥受冻的我怎么能不去救助？从祖先到现在积德100多年，而实现在我的身上，得以做了大官，如果独享富贵而不体恤宗族，将来死去了怎么去地下面对祖先，今天有何面目到家庙里去呢？

在京师与人交游，不要高谈阔论别人的是非短长，因为你不是谏净之官，不在负责进言的位置。姑且去温习文字，清洁自己的心灵和行为，以求自立自强。一辈子的评价，应当从大节中显示出来，不必私下谈论是非曲直，以免因求取小名而招致大辱。

少来往于京师，凡是有利可图的地方，就应想到可能存在忧患。我多次经历风波，就是善于在困穷时忍耐，因此得以免除祸患。

大参就任官职后，必然受到了解和信任。要一心勤学奉公，不要担忧前途。千万不要写信求人推荐提拔，只有充实自己是最好的。将要参加殿试，诚恳地展现我们的思想和文才，应该谦虚诚恳，心存敬畏，这样才符合士人的名望。

青年时期不应陷于多病之苦，怎么能不注意养生健体呢？门户才刚刚立起来，宗族还没有受恩赐；有文学上的声名，也还没被国家任用，怎能按照平常人的情志行事，而放纵自己的身体任自己的志向泯灭呢？

贤弟请放宽心好好修养，虽然清贫，但求身体安康为重。家庭生活贫苦平淡，是士人的正常状态，省去多余的仆人就可以了。请多花时间在读佛道典籍，见到长寿又健康的人，问人家是怎么做的，就会有所收获了。

你做官不可办欺骗之事，要与同事和睦多礼，有事要与同事商量，不要同上司官吏商量，不要纵容乡亲到属下兴贩取利。自己一定要做清心之官，切不可营取私利。你看老叔我一向如何，曾经谋求过私利吗？一家有好事，家家都有好事，来光宗耀祖。

### 范仲淹教子范纯仁：位过其父而有父风

范仲淹（989—1052 年），字希文，原名朱说。为北宋名臣，政治家、文学家、军事家，谥号"文正"。汉族，祖籍彬州（今陕西省彬县），生于苏州吴县(今江苏省苏州市)。范仲淹从小有大志，常以天下为己任。他任地方官时，每到一处都为当地老百姓做了许多好事。虽然官越做越大，但他生活上却自始至终都很俭朴，只有在宴请客人时才吃肉，穿的是普通布料衣服，省下薪俸在家乡设立"义庄"，用于救济同族的穷人。他常对人说："惟俭可以助廉，惟恕可以成德。"并以此来教育子女勤俭。

范仲淹的儿子叫范纯仁。这一年，范纯仁准备娶亲。他想，结婚乃是人生一件大事，父亲又在朝廷做着大官，婚礼一定要办得热热闹闹才像个样子。于是，他把要添购的贵重物品，开列了一份清单，送给父亲过目。想征得父亲同意。范仲淹拿起这张清单，看着看着，皱起了眉头。他瞥了一眼兴致正高的儿子，摇摇头说："结婚买这么多东西，有点太过分了吧！"纯仁听了，觉得很扫兴，就一声不吭了，显得很不高兴。于是。范仲淹把儿子叫到跟前，对他进行了严肃的批评。他对儿子详细地讲了自己年轻时的苦难生活。他说："我小时候，因为家里穷，10多岁才上学，借住在一个寺庙里。那时，经常自己煮些粥，等它凝成块以后，用筷子划分成四块。早上吃两块，晚上吃两块，作为一天的主食。副食则更简单，吃几根咸菜就行了。后来，一位有钱的同学给我送来好菜好饭，我却一直没有动筷子。因为我想：年轻时太惦记着享乐。将来恐怕就吃不得苦了。现在你们兄弟几个，从小都没有吃过什么苦，我最担心的是你们会不会丢掉咱们范家的勤俭家风。"他还列举了古代一些名士以俭为荣的事例。

在父亲的教育和耐心启发下，纯仁懂得了为人廉洁、俭朴的道理，高高兴兴地改变了原来的计划、按照父亲的嘱咐很节俭地办了婚事。范仲淹不但在生活上对子女严格要求。而且在为人处世和品德修养方面也时时给子女以教诲。范仲淹"先忧后乐"，吃苦在前、享受在后的思想无不深刻影响着他的后人。后来，他的儿子范纯仁做了宰相，廉洁如一，所得俸禄也像他的父亲一样，用来资助"义庄"帮助穷人。因此。史家说他是"位过其父而有父风"。

## 现代启示

廉洁自律的道德操守是人事干部和党办人的底线。习近平总书记指出，一个人最大的道德操守，核心是廉洁自律，他用自己的切身感受告诫大家："当干部就不要想发财，想发财就不要当干部"。"物必自腐，而后虫生"，我们只有坚持高尚的精神追求，不断加强自身改造，始终在思想上坚守道德底线，才能永葆共产党人的浩然正气。要谦虚谨慎，绝不能心存优越感，更不能妄自尊大，挟权自重。要明白权从何来、为谁掌权、为谁用权。工作任务越来越重，情况越来越复杂，要求越来越高，程序越来越严，面对各种复杂情况，面对各种诱惑、考验，我们必须做到公道正派，公道正派是立身之本，处事之基。每个同志要不忘初心，时刻保持清醒头脑，时刻警钟长鸣，要慎独、慎权、慎微、慎交，自重、自省、自警、自励，耐得住寂寞，守得住清贫，不为名所累，不为利所惑，始终坚守拒腐防变的道德底线，养成自我警诫、自我反思、自我修养的良好习惯。以自身的良好形象和精神风貌，团结带领身边干部群众，为经济社会发展作出新的更大贡献。

67. 朱熹《与长子受之》：奋然勇为，力改故习，一味勤谨，则吾犹可望

**▌典故出处▐**

### 北宋·朱熹《与长子受之》

盖汝好学，在家足可读书作文，讲明义理，不待远离膝下，千里从师。汝既不能如此，即是自不好学，已无可望之理。然今遣汝者，恐汝在家汨于俗务，不得专意。又父子之间，不欲昼夜督责。及无朋友闻见，故令汝一行。汝若到彼，能奋然勇为，力改故习，一味勤谨，则吾犹可望。不然，则徒劳费。只与在家一般，他日归来，又只是伎俩人物，不知汝将何面目归见父母亲戚乡党故旧耶？念之！念之！"夙兴夜寐，无忝尔所生！"在此一行，千万努力。

**▌译文▐**

如果你努力学习，在家里也可以读书写文章，弄明白言论或文章的内容和道理，用不着远离父母，千里迢迢地去跟从老师学习。你既然不能这样，就是自己不好学，也不能指望你懂得这个道理。但是现在让你出外从师的原因，是担心你在家里为俗务所缠身，不能专心读书学习。同时，父子之间，我也不希望日夜督促责备你。在家里也没有朋友和你一起探讨，增长见识，所以要让你出去走一走。你要到了那里，能奋发努力有所作为，用心改去以前的不好的习惯，一心勤奋谨慎，那么我对你还有希望。若不是这样，则是徒劳费力。和在

家里没有两样，以后回来，又仅仅是以前那样的小人物，不知道你准备用什么样的面目来见你的父母亲戚同乡和老朋友呢？记住！记住！"勤奋学习，不要愧对了父母"。这一次行程，要千万努力呀！

## | 家风故事 |

### 朱熹与陆九渊的鹅湖之会

朱熹（1130—1200 年），字元晦，又字仲晦，号晦庵，晚称晦翁。祖籍徽州府婺源县（今江西省婺源县），生于南剑州尤溪（今属福建省尤溪县）。中国南宋时期理学家、思想家、哲学家、教育家、诗人。朱熹十九岁考中进士，曾任江西南康、福建漳州知府、浙东巡抚等职，做官清正有为，振举书院建设。官拜焕章阁侍制兼侍讲，为宋宁宗讲学。晚年遭遇庆元党禁，被列为"伪学魁首"，削官奉祠。庆元六年（1200 年）逝世，享年七十一岁。后被追赠为太师、徽国公，赐谥号"文"，故世称朱文公。朱熹是二程(程颢、程颐)的三传弟子李侗的学生，与二程合称"程朱学派"。他是唯一非孔子亲传弟子而享祀孔庙，位列大成殿十二哲者。朱熹是理学集大成者，闽学代表人物，被后世尊称为朱子。他的理学思想影响很大，成为元、明、清三朝的官方哲学。

南宋淳熙二年（1175 年）六月，吕祖谦为了调和朱熹"理学"和陆九渊"心学"之间的理论分歧，使两人的哲学观点"会归于一"，于是出面邀请陆九龄、陆九渊兄弟前来与朱熹见面。六月初，陆氏兄弟应约来到信州（今江西上饶市铅山县鹅湖镇）鹅湖寺，双方就各自的哲学观点展开了激烈的辩论，这就是中国思想史上著名的"鹅湖之会"。鹅湖之会是中国古代思想史上的第一次著名的哲学辩论会。朱、陆双方辩论的"为学之方"，表现出朱熹与陆九渊在哲学上的基本分歧点。陆九渊提出"先立乎其大"为出发点。认为自古以来圣人相传的"道统"只是"此心"。主张只有认识"本心"，才犹如木有根，水有源。朱熹认为先于物而存在的"理"在心外，即"宇宙"之间。陆九渊的心学传至明代，经王守仁的发展，形成一个比较精致的哲学体系，世称"陆王心学"。它与程朱理学在对理获取的途径上提出不同见解，曾对明清两代思想的发展产生了一定的影响。朱熹的理学博大精深，被后代统治者尊为"大贤"，被学者奉为"万世宗师"，他的学说对后世产生了巨大而深远的影响。

## 现代启示

"担当"一词最早见于《朱子语类》，意为承担、担负（责任、任务）等，后也用来指某人敢于承担责任，有魄力。"天地生人，有一人当有一人之业；人生在世，生一日当尽一日之责"。从某种意义上说，责任与人相伴终生，任何人都回避不了。人在社会中生存，就要承担并履行对自己、对家庭、对集体、对社会、对国家的一定责任。人活在世间，就要担责于身、履责于行、知责思为。每一个人应该知道自己承担的责任，并积极进取，奋发有为。俗话说："成就事业千万条，九九归一责任心。"强烈的责任意识，是胜任本职、干好工作、有所作为的"内核"和"驱动"。对于党员干部来说，"知责"就是要知党员之责、干部之责、岗位之责，"思为"就是要追求思想先进、工作上进、能力长进、事业前进。总的来说，当前党员干部队伍责任心事业心是比较强的，我们党和国家各项事业能够保持比较好的发展势头，受到广大人民群众的充分肯定，这与我们有一支有本事、敢担当、肯奉献的党员干部队伍是分不开的。作为党员干部，要全心全意干好工作，只有对党高度负责、对人民高度负责、对工作高度负责，才会不遗余力、精益求精地做工作，才会勇于面对困难、敢于战胜困难，从实际出发，办实事，全心全意为人民谋福祉，才算对得起肩上百姓赋予的神圣职责。

## 典故出处

### 南宋·陆游《放翁家训·序》

昔唐之亡也，天下分裂，钱氏崛起，吴越之间，徒隶乘时，冠屦易位。吾家在唐辅相者六人，廉直忠孝，世载令闻。念后世不可事伪国，苟富贵，以辱先人，始弃官不仕，东徙渡江，夷与编氓。孝悌行于家，忠信著于乡，家法凛然，久而弗改。宋兴，海内一统。祥符中，天子东封泰山，于是陆氏乃与时俱兴。百余年间，文儒继出。有公有卿，子孙宦学相承，复为宋世家，亦可谓盛矣。然游于此切有惧焉，天下之事，常成于困约，而败于奢靡。游童子时，先君谆谆为言，太傅出入朝廷四十余年，终身未尝为越产。家人有少变其旧者，辄不怿。楚公少时，尤苦贫，革带敝，以绳续绝处。秦国夫人常作新襦，积钱累月乃能就。一日覆羹污之，至泣涕不食。太尉与边夫人方寓宦舟，见妇至，喜甚。辄置酒，银器色黑如铁。果醢数种，酒三行以已。姑嫁古氏，归宁，食有笼饼，亟起辞谢曰：昏耄不省是谁生日也。左右或匿笑。楚公叹曰：吾家故时数日乃啜羹，岁时或生日乃食笼饼，若曹岂知耶？是时楚公见贵显，顾以啜羹食饼为泰，怆然叹息如此。游生晚，所闻已略，然少于游者，又将不闻。而旧俗方以太坏，厌藜藿，慕膏粱，往往更以上世之事为讳，使不闻此风，放而不还，且有陷于危辱之地，沦于市井，降于皂隶者矣。复思如往时，父子兄弟相从，居于鲁虚，葬于九里，安乐耕桑之业，终身无愧悔，可得耶。呜呼！仕而至公卿，命也；退而为农，亦命也。若夫挠节以求贵，市道以营利，吾家之所深耻。子孙戒之，尚无坠厥初。

## ▌译文▐

昔日唐朝灭亡时，天下分裂，吴越王钱镠崛起。吴赵之间，徒隶们乘机改朝换代。我家唐朝时做过辅相的有六人，都廉直忠孝，史册上都有光辉记载。后来为了不使后人入仕伪政权，苟且于富贵生活，而辱没先人，便弃官东渡，罢官为民。家庭内实行孝悌，在乡里有忠信的声誉，家法严格，长久不改变。宋祥符年间，太子东封泰山之后，陆家也随着时代兴旺起来，百余年间出了不少知名文人。有公有卿，子孙有做官的，有读书的，家族逐渐兴旺起来，可称为宋世家。然而，对此我却不免有所担忧。因为天下之事，多成于艰难败于侈靡。我年少时，父亲曾谆谆教诲：太傅出入朝廷40多年，终身廉洁清政，晚归故地时，旧宅不曾增建一间。楚公小时候尤贫苦，皮带断了用绳续断处。秦国夫人做一件新衣，要积钱数月才能做成。一天吃饭不小心弄脏了衣裳，秦国夫人心痛地哭泣不食。太尉与边夫人会面，不过是果品几种，斟酒三次而已，而且银器色黑如铁。姑嫁古氏后，一次回家中，见吃笼饼，马上站起说：老朽不知今日是谁生日？左右仆人都笑了，楚公感叹地说：我家早些时候一连几天只是喝粥，只有年节时或有人过生日时才吃笼饼。我陆游出生较晚，所以听祖辈上的这些事情不多，然而比我年少的人又不想听这些事情，加上风俗太坏，人们羡慕的是奢华生活，往往讳避提起上世简朴生活中的事情。若此风不改，长此以往必陷于危辱之地，沦为市井小人。回想起往日父子兄弟相从，安乐耕桑之业，是何等优雅！官至公卿，是命；归乡为农也是命。若为求贵而变节，为营利而不惜沦为小人，是我陆家所痛恨的。望子孙戒之。

## 唐玄宗：从开元盛世到安史之乱

唐玄宗自幼聪睿英武、才智过人，曾经是拨乱反正、振兴大唐的一代英杰，曾经是励精图治、有所作为的贤明君王。唐玄宗初即位时，曾经夙兴夜寐、勤勉奋发。开元初年，他励精图治、任贤纳谏、兴利除弊、着力改革，使唐王朝迅速进入了全盛时期——著名的开元盛世。

面对这一片太平富足气象，唐玄宗变得怠惰了，日益陶醉于自己的文治武功之中，变得越来越贪图安逸享乐，变得前后判若两人。唐玄宗的变化带来了一连串恶果：朝廷大权旁落，政局败乱；统治集团矛盾尖锐，一触即发；财政入不敷出，聚敛之臣广为搜刮，致使中外嗟怨。同时，由于自恃国力强盛，大事边功，使得民间兵役繁重，生产荒废；而且造成边兵日重，将帅日骄。

公元755年，安禄山经过多年累积，准备大举起兵叛乱，第二年就打到长安。多年的深宫享乐生活磨尽了唐玄宗的英雄气概，他无心抵抗，只得带了贵妃、太子仓皇出逃。在长安附近的马嵬坡，禁军兵变，杀死杨国忠，又逼迫唐玄宗忍痛缢死了杨贵妃。同年，太子李亨在灵武即位，唐玄宗逃到西蜀，从此退出了政治舞台。这场安史之乱历时七八年，席卷了半个中国，使得户口损失四分之三，大片州县沦为废墟，人民遭受了巨大灾难，唐王朝也从此走了下坡路，开元、天宝时代的兴盛一去不复返了。公元762年，七十八岁的唐玄宗在寂寞忧伤中死去。

| 现代启示 |

陆游（1125—1210年），字务观，号放翁，今浙江绍兴人，是南宋著名的爱国诗人。陆游曾著《放翁家训》，是了解他家训思想

的重要文献，主要追述陆氏家族的历史，要子孙继承祖先宦学相承、清白俭约、注重节操的家风。陆氏家族至陆游时，已数世为官，家中子弟，自幼养尊处优，逸裕安乐，不知艰难，"厌黎藿，慕膏粱"，对先人的节俭讳莫如深，这不能不使陆游深感忧虑。他以为，骄奢之风一长，则陆氏子弟"有陷于危辱之地、沦于市井、降于皂隶"之虞，因而，他在本文中对子弟作了语重心长的劝诫。

在这篇序文，陆游简略地写了陆氏家世，又历叙其先人节俭的事实，希望子孙能保持陆氏家族节俭的传统，并指出了"天下之事，常成于困约，而败于奢靡"的道理。同时，他又告诫子孙："挠节以求贵，市道以营利，吾家之所耻"，千万不能做此等有辱门庭之事，更不能毁了陆氏"廉直忠孝"的家风，以保持陆氏的家业长盛不衰。

陆游《放翁家训》是其一生生活经验的总结，是一个饱经风霜、忧心忡忡的长辈，对子孙后代语重心长、苦口婆心的叮嘱。在家训中，陆游谆谆告诫子孙要继承家族的优良家风，主要包括两个方面：一是勤劳节俭、为官清廉的美德，他说陆家虽是世家显族，但自己所忧虑的正是子弟的奢侈，因为生于忧患、死于安乐是千百年来屡试不爽、颠扑不破的客观规律；二是保持高尚的节操，陆游谈到自己之所以写此家训，是担心子孙受不良习俗的影响，怕优良的家风不能传之后代，他告诫子孙要远离世俗的影响，以屈志从人求富贵、用市侩手段谋利为奇耻大辱，永远保持高尚的道德情操。

## 69.陆游《病起书怀》：位卑未敢忘忧国，事定犹须待阖棺

## 典故出处

### 南宋·陆游《病起书怀》

病骨支离纱帽宽，孤臣万里客江干。

位卑未敢忘忧国，事定犹须待阖棺。

天地神灵扶庙社，京华父老望和銮。

出师一表通今古，夜半挑灯更细看。

## 译文

病体虚弱消瘦，以致纱帽帽檐都已宽松，不受重用只好客居在与之相隔万里的成都江边。

职位低微却从未敢忘记忧虑国事，即使事情已经商定，也要等到有了结果才能完全下结论。

希望天地神灵保佑国家社稷，北方百姓都在日夜企盼着君主御驾亲征收复失落的河山。

诸葛孔明的传世之作《出师表》忠义之气万古流芳，深夜难眠，还是挑灯细细品读吧。

## 家风故事

### "中国导弹之父"钱学森的故事

1955年初冬，刚刚冲破美国当局阻挠回到祖国的钱学森，来

到哈尔滨军事工程学院参观。院长陈赓大将问他："中国人能不能搞导弹？"钱学森说："外国人能干的，中国人为什么不能干？难道中国人比外国人矮一截？"就这一句话，决定了钱学森从事火箭、导弹和航天事业的生涯。他以其对中国火箭导弹技术、航天技术乃至整个国防高科技事业的奠基性贡献，为我军武器装备现代化建设写下了精彩绚丽的篇章。

## ▎现代启示▎

爱国，是人世间最深层、最持久的情感，这种感情在历史的长河中孕育流淌、绵延不绝，在时代的场域里扎根生长、释放能量。它是一个人的立德之源、立功之本，是我们民族精神的核心和砥砺前行的精神依靠。爱国，要把个人理想与祖国前途、民族命运联系起来。在中国人的精神谱系里，个人与国家从来都是密不可分的，个人前途和国家命运从来都是相辅相成、有机统一的。如果个人理想脱离了国家发展，就会迷失方向、偏离航道；如果国家发展离开了个人努力，就会流于空谈、失去根基。爱国主义精神是维护国家统一、促进民族团结的强大内生动力，是实现中华民族伟大复兴中国梦的精神源泉。虽然爱国主义精神在不同的历史时期有着不同的主题和使命，但其本质却从未发生改变，即始终饱含着人们对国家强烈的归属感和认同感，这种精神是中华民族虽久经磨难但却依旧能够以雄伟的姿态屹立于世界民族之林的关键所在。事实证明，只有胸怀忧国忧民之心、爱国爱民之情，以一生的真情投入、一辈子的顽强奋斗来践行爱国主义精神，才能成为"最美奋斗者"，才能让个人梦随中国梦一起璀璨、一起光彩。

## 典故出处

### 南宋·陆游《冬夜读书示子聿》

古人学问无遗力，少壮工夫老始成。

纸上得来终觉浅，绝知此事要躬行。

## 译文

古人学习知识不遗余力，年轻时下功夫，到老年才有所成就。

从书本上得来的知识毕竟不够完善，要透彻地认识学习知识这件事还必须亲自实践。

## 家风故事

### 蔡伦多次试验改进造纸术的故事

蔡伦在东汉京师洛阳任尚方令期间，经常到洛阳近郊（今洛阳偃师区缑氏镇附近）收集制作材料，虚心听取建议，经过反复试验，创造了以树皮、麻头、破布、旧渔网为原料的造纸术。造纸术是我国古代科学技术的"四大发明"（指南针、造纸术、印刷术、火药）之一，是中华民族对世界文明作出的一项十分宝贵的贡献，大大促进了世界科学文化的传播和交流，深刻地影响了世界历史的进程。

据说，东汉时的蔡伦，小时候因为家里穷得没法活了，被送进皇宫里做了太监。他原先没有读过书，老太监见他可怜，告诉他做太监也得有文化，才能接近皇帝，受到重用。于是他就在老太监的指导下发奋读书。蔡伦出身于劳动人民家庭，他很重视实践，读书时也专挑那些讲打铁、缫丝、纺麻一类容易实践的书来读，并且读了以后还要亲自去实践一下。蔡伦工作起来很仔细，所以样样事情都能学得会，做得好。皇帝看蔡伦聪明勤快，办事可靠，就提拔他做了尚方令，专门负责制造宫廷用品。蔡伦看到当时的书都是用竹简木牍写成的，十分笨重，连大臣给皇帝的奏章也是一大捆竹简或木牍，一份奏章就有好几十斤，读起来很费劲。当时纸虽然已经有了，但是还很粗糙，不适宜用作书写。蔡伦想，如果把纸改进一下，把它造得又轻又薄又白，就能用来书写了。他从纺织作坊里捡来乱丝、麻头等废品，再加上破布、破渔网、树皮等做原料，进行试验。一次试验失败，再做第二次。经过多次试验，他终于获得了成功，制造出了适用于书写的纸。蔡伦改进造纸技术有功，皇帝封他为龙亭侯。他制造出来的纸就被称为"蔡侯纸"。蔡伦从一个没有读过书的文盲，经过努力学习，既读了书，并且通过实践，成了一位改进造纸技术的专家，为文化发展作出了重大贡献。

## 现代启示

"天下大事必作于细，古今事业必成于实"，要实事求是对待每件事件，脚踏实地干好每项工作，进而把工作做得比过去更实、比别人更好。在实际工作中，我们要有求真务实的态度，坚持脚踏实地、真抓实干，说实话，报实情，做实事，求实效；敢于直面问题，矛盾面前不躲闪，挑战面前不畏惧，困难面前不退缩，做到劲往一处使、心往一处想。

万丈高楼平地起。习近平总书记指出："'样子'与'架子'，表面上看有点相似，内在的含义则有天壤之别。'样子'是好的形象，是群众欢迎的形象，不是外表，而是指干部的德才和实绩。'架子'则是徒有其表，而且是群众不欢迎的形象。"党员干部要有"样子"，不要有"架子"，决不能把工夫花在形式上，将心思用在摆谱上，而是要把精力放在"正道"上、放在"正事"上，随时随地保持奋发有为的劲头，脚踏实地、埋头苦干，树好形象、当好表率。

想，要壮志凌云；干，要脚踏实地。现实生活中，人人都有梦想，都渴望成功，都想找到一条成功的捷径。其实，捷径只有一条，那就是勤于积累，脚踏实地，积极肯干。物有甘苦，非入口不能识。路有险夷，非履至不可知。面对新征程新使命，我们唯有脚踏实地、不畏艰苦、立足岗位、奋发有为，一张蓝图干到底，一茬接着一茬干，求真务实，真抓实干，真正做出对历史和人民负责的业绩。

## 71.李清照：生当作人杰，死亦为鬼雄

**┃典故出处┃**

### 宋·李清照《夏日绝句》

生当作人杰，死亦为鬼雄。

至今思项羽，不肯过江东。

**┃译文┃**

生时应当做人中豪杰，死后也要做鬼中英雄。

到今天人们还在怀念项羽，因为他不肯苟且偷生，退回江东。

**┃家风故事┃**

### 张富清深藏功名的故事

张富清，男，中共党员，1924年12月生，陕西洋县人，中国建设银行湖北省来凤支行原副行长。老党员张富清是原西北野战军战士，在解放战争的枪林弹雨中九死一生，先后荣立一等功三次、二等功一次，被西北野战军记"特等功"，两次获得"战斗英雄"荣誉称号。1955年，张富清退役转业，主动选择到湖北省最偏远的来凤县工作，为贫困山区奉献一生。60多年来，张富清刻意尘封功绩，连儿女也不知情。2018年底，在退役军人信息采集中，张富清的事迹被发现，这段英雄往事重现在人们面前。2019

年 5 月 24 日，习近平总书记对张富清同志先进事迹作出重要指示说：老英雄张富清 60 多年深藏功名，一辈子坚守初心、不改本色，事迹感人。在部队，他保家卫国；到地方，他为民造福。他用自己的朴实纯粹、淡泊名利书写了精彩人生，是广大部队官兵和退役军人学习的榜样。

## 现代启示

一位哲人曾经说过："人有两种活法，一种是为自己，一种是为别人。"不同的选择，将会有不同的人生道路。同样的工作，同样的境遇，不同的心态，也便会有不同的感受，选择为人民而奋斗，会给我们带来源源不断的动力。雄关漫道真如铁，而今迈步从头越。新时代正是中华民族实现伟大复兴的关键时期，是一个呼唤知难而进、迎难而上、革故鼎新、建功立业的时代。"伟大的价值在于完成责任"。建功立业始于点滴，九层之台，起于累土；千里之行，始于足下。无论在什么岗位、做什么工作，都要把全部热情和精力投入进去，脚踏实地，戒除浮躁，忠于职守，正确看待人生，正确看待事业，正确处理问题，承担起时代责任，创造出无愧于岗位职责的业绩。

建功新时代，奋进新征程。在新时代，我们都要有敢于建功立业、敢为人先的心境，在其位谋其政，履其职尽其责，从我做起，从本职工作做起，紧密结合自己的工作实际，发挥自己最大的才能，开拓进取、拼搏实干，不负时代、不负人民，任何时候任何情况下都不改其心、不移其志、不毁其节。坚定理想信念、坚定奋斗意志、坚定恒心韧劲，为党分忧、为国尽责、为民奉献，努力在民族复兴的伟业中为党和人民建功立业。

## 72. 袁采《袁氏世范》：言忠信，行笃敬

**典故出处**

### 南宋·袁采《袁氏世范》

言忠信，行笃敬，乃圣人教人取重于乡曲之术。盖财物交加，不损人而益己，患难之际，不妨人而利己，所谓忠也。不所许诺。纤毫必偿，有所期约，时刻不易，所谓信也。处事近厚，处心诚实，所谓笃也。礼貌卑下，言辞谦恭，所谓敬也。若能行此，非惟取重于乡曲，则亦无入而不自得。然敬之一事，于己无损，世人颇能行之，而矫饰假伪，其中心则轻薄，是能敬而不能笃者，君子指为谀佞，乡人久亦不归重也。

**译文**

言论讲究忠信，行动奉行笃敬，这种原则是圣人教人们如何获得乡里人们敬重的方法。不外乎在财物方面，不干损人利己的事；在关键时刻，不干妨碍别人而方便自己的事。这就是人们所说的"忠"。一旦许诺言给人，就是一丝一毫的小事，也一定要有结果；一旦定期有约，就是一时一刻也不耽误，这就是人们所说的"信"。待人接物热情厚道，内心诚实敦厚，这就是人们所说的"笃"。礼貌谨慎，言辞谦逊，这就是人们所说的"敬"。如果能够"言忠信，行笃敬"，不仅能得到乡亲的敬重，就是干任何事都能顺利。然而恭敬待人一事，因为对自己毫无损失，世人还能做到。可是如果不能表里如一，表面上待人很好，心中却轻视鄙薄，这就成了能"敬"

而不能"笃"了，君子就会把他称为谄佞小人。乡亲们久而久之也不会再敬重他。

## 家风故事

### 与《颜氏家训》相提并论的一部家训著作

袁采，生年不详，卒于 1195 年，字君载，信安（今浙江常山县）人。隆兴元年（1163 年）进士，后官至监登闻鼓院，掌管军民上书鸣冤等事宜，即负责受理民间人士的上诉、举告、请愿、自荐、议论军国大事等方面给朝廷的进状。淳熙五年（1178 年），任乐清县令，为官刚正。袁采自小受儒家之道影响，为人才德并佳，时人赞称"德足而行成，学博而文富"。步入仕途后，袁采以儒家之道理政，以廉明刚直著称于世，而且很重视教化一方。在任乐清县令时，他感慨当年子思在百姓中宣传中庸之道的做法，于是撰写《袁氏世范》一书用来践行伦理教育，美化风俗习惯。《四库全书提要》曰："其书于立身处世之道反复详尽，所以砥砺末俗者极为笃挚，明白切要览者易知易从，固不失为《颜氏家训》之亚也。"

《袁氏世范》共三卷，分睦亲、处己、治家三门。这本书的论述不同于一般著述，其语颇有见地，且深入浅出，极具趣味，极易领会和学习，娓娓道来，如话家常，所以又称《俗训》。书中有许多句子十分精彩，如"小人当敬远""厚于责己而薄责人""小人为恶不必谏""家成于忧惧破于怠忽""党人不善知自警"等。《袁氏世范》传世之后，很快便成为私塾学校的训蒙课本。历代士大夫都十分推崇该书，都将它奉为至宝。《袁氏世范》是中国家训史上与《颜氏家训》相提并论的一部家训著作，时人评此书"行之一时，垂诸后世也"。时至今日，《袁氏世范》不仅在中国仍受重视，而且在西方汉学界也颇受青睐，并有译本。《袁氏世范》可谓真正做到了"垂诸后世""兼善天下",成了"世之范模"。

## ▍现代启示▍

孔子曰:"其身正,不令而行;其身不正,虽令不从。"领导干部必须加强自律、慎独慎微,经常对照党章检查自己的言行,加强党性修养,陶冶道德情操。习近平总书记强调,领导干部要讲政德。立政德,就要明大德、守公德、严私德。这为新时代领导干部修身立德提出了新要求,提供了根本遵循。明大德,"大德"是立根本、管灵魂、定方向的。讲政德、明大德,才能有定力、站得稳,才能靠得住、行得远。守公德,"公德"是领导干部干事创业的基本操守。党员干部必须坚守共产党人的初心和使命,淬炼政德修养。严私德,"私德"是领导干部为人处世的基本原则。私德不立,公德难守,大德难彰。

# 73.辛弃疾：了却君王天下事，赢得生前身后名

## 典故出处

### 南宋·辛弃疾《破阵子·为陈同甫赋壮词以寄》

醉里挑灯看剑，梦回吹角连营。八百里分麾下炙，五十弦翻塞外声。沙场秋点兵。

马作的卢飞快，弓如霹雳弦惊。了却君王天下事，赢得生前身后名。可怜白发生！

## 译文

醉梦里挑亮油灯观看宝剑，梦中回到了当年的各个营垒，接连响起号角声。把烤牛肉分给部下，乐队演奏北疆歌曲。这是秋天在战场上阅兵。

战马像的卢马一样跑得飞快，弓箭像惊雷一样，震耳离弦。（我）一心想替君主完成收复国家失地的大业，取得世代相传的美名。可怜已成了白发人！

## 家风故事

### 南仁东的"中国天眼"之梦

南仁东是"天眼"（FAST）工程的首席科学家兼总工程师。1994年，拒绝国外优厚待遇的南仁东回到祖国，决心在中国造出

超级天文望远镜。从预研到建成的 22 年时间里，面临着重重难以想象的困难，但南仁东毫不退缩。听说西南边陲的深山里，有着建设"天眼"得天独厚的地理条件，南仁东就迫不及待地登上了从北京到贵州的绿皮火车，开行近 50 个小时才到达了目的地。此后，他一趟一趟地往返两地之间，为选址东奔西走。历经千辛万苦，终于选中了条件最适宜的贵州平塘大窝凼。之后，他又和同事们开始了漫长而艰苦的建设工作。一个最初并没有多少人看好的梦想，最终成了这个国家的骄傲。多年的奔波劳累，最终使南仁东积劳成疾。患病之后，他越发感觉到时间的紧迫。距离"天眼"工程启动一直在倒计时，而一起倒计时的还有南仁东的生命。2017 年 9 月 15 日，南仁东病重去世。南仁东曾写下这样的诗句："美丽的宇宙太空，以它的神秘和绚丽，召唤我们踏过平庸，进入它无垠的广袤。"这是写给他自己的，也是写给这个世界的。

## ▎现代启示▎

把爱国之情、报国之志和奋斗精神、实干精神相结合是新时代爱国主义的题中应有之义。爱国，从来不是虚泛的道德说教和空洞的口头教条，不能停留仅仅在口号上，而是要体现在行动上、实践中，自觉地把自己的理想同祖国的前途、把自己的人生同民族的命运紧密联系在一起，扎根人民，奉献国家。因此，新时代爱国主义和奋斗精神、实干精神是紧密结合的。空谈误国、实干兴邦，一分部署、九分落实。幸福都是奋斗出来的，社会主义是干出来的，新时代是奋斗者的时代，因此要把爱国之情、报国之志融入祖国改革发展的伟大事业之中、融入人民创造历史的伟大奋斗之中。习近平总书记高度赞扬以钱学森、邓稼先、郭永怀等"两弹一星"元勋和西安交通大学"西迁人"为代表的老一辈知识分子"党让我们去哪里，我们背上行囊就去哪里""始终与党和国家的发展同向同行"的家国情怀和奉献精神，充分肯定以黄大年、李保国、南仁东、钟扬等为代表的新时代优秀知识分子"心有大我、至诚报国"的感人事迹和爱国情怀，强调面对新的征程、新的使命，需要在全党全国全社会弘扬这种传统、激发这种情怀。因此，爱国主义并不仅仅体现为豪言壮语，也不是单纯表现为各种形式的仪式活动，而是体现在身边的点滴行为、生活习惯和日常行动中。所以，新时代爱国主义具有鲜明的实践特征，必须要把对祖国、对民族、对人民的热爱内化于心、外化于行，转化为具体的社会公德、职业道德、家庭美德、个人品德，时刻提醒自己在社会交往、工作劳动、家庭关系和个人修养中，遵守国家法律法规、服从纪律规范，恪守道德要求，使得爱国主义在实践中得以发展壮大、生生不息。

## 74.文天祥《正气歌》：天地有正气，杂然赋流形

**┃典故出处┃**

### 南宋·文天祥《正气歌》

余囚北庭，坐一土室。室广八尺，深可四寻。单扉低小，白间短窄，污下而幽暗。当此夏日，诸气萃然：雨潦四集，浮动床几，时则为水气；涂泥半朝，蒸沤历澜，时则为土气；乍晴暴热，风道四塞，时则为日气；檐阴薪爨，助长炎虐，时则为火气；仓腐寄顿，陈陈逼人，时则为米气；骈肩杂遝，腥臊汗垢，时则为人气；或圊溷，或毁尸，或腐鼠，恶气杂出，时则为秽气。叠是数气，当之者鲜不为厉。而予以孱弱，俯仰其间，于兹二年矣，幸而无恙，是殆有养致然尔。然亦安知所养何哉？孟子曰："吾善养吾浩然之气。"彼气有七，吾气有一，以一敌七，吾何患焉！况浩然者，乃天地之正气也，作正气歌一首。

天地有正气，杂然赋流形。下则为河岳，上则为日星。于人曰浩然，沛乎塞苍冥。

皇路当清夷，含和吐明庭。时穷节乃见，一一垂丹青。在齐太史简，在晋董狐笔。

在秦张良椎，在汉苏武节。为严将军头，为嵇侍中血。为张睢阳齿，为颜常山舌。

或为辽东帽，清操厉冰雪。或为出师表，鬼神泣壮烈。或为渡江楫，慷慨吞胡羯。

或为击贼笏，逆竖头破裂。是气所磅礴，凛烈万古存。当其贯日

月，生死安足论。

地维赖以立，天柱赖以尊。三纲实系命，道义为之根。嗟予遘阳九，隶也实不力。

楚囚缨其冠，传车送穷北。鼎镬甘如饴，求之不可得。阴房阗鬼火，春院闭天黑。

牛骥同一皁，鸡栖凤凰食。一朝蒙雾露，分作沟中瘠。如此再寒暑，百疠自辟易。

哀哉沮洳场，为我安乐国。岂有他缪巧，阴阳不能贼。顾此耿耿存，仰视浮云白。

悠悠我心悲，苍天曷有极。哲人日已远，典刑在夙昔。风檐展书读，古道照颜色。

## 译文

我被囚禁在北国的都城，住在一间土屋内。土屋有八尺宽，大约四寻深。有一道单扇门又低又小，白木窗子又短又窄，地方又脏又矮，又湿又暗。碰到这夏天，各种气味都汇聚在一起，雨水从四面流进来，甚至漂起床、几，这时屋子里都是水气；屋里的污泥因很少照到阳光，蒸熏恶臭，这时屋子里都是土气；突然天晴暴热，四处的风道又被堵塞，这时屋子里都是日气；有人在屋檐下烧柴火做饭，助长了炎热的肆虐，这时屋子里都是火气；仓库里储藏了很多腐烂的粮食，阵阵霉味逼人，这时屋子里都是霉烂的米气；关在这里的人多，拥挤杂乱，到处散发着腥臊汗臭，这时屋子里都是人气；又是粪便、又是腐尸、又是死鼠，各种各样的恶臭一起散发，这时屋子里都是秽气。这么多的气味加在一起，成了瘟疫，很少有人不染病的。可是我以虚弱的身子在这样坏的环境中生活，在这样坏的环境中生活，到如今已经两年了，却没有什么病。这大概是因为有修养才会这样吧。然而怎么知道这修养是什么呢？孟子说：

"我善于培养我心中的浩然之气。"它有七种气，我有一种气，用我的一种气可以敌过那七种气，我担忧什么呢！况且博大刚正的，是天地之间的凛然正气。（因此）写成这首《正气歌》。

天地之间有一股堂堂正气，它赋予万物而变化为各种体形。在下面就表现为山川河岳，在上面就表现为日月辰星。在人间被称为浩然之气，它充满了天地和寰宇。国运清明太平的时候，它呈现为祥和的气氛和开明的朝廷。时运艰危的时刻义士就会出现，他们的光辉形象——垂于丹青。在齐国有舍命记史的太史简，在晋国有坚持正义的董狐笔。在秦朝有为民除暴的张良椎，在汉朝有赤胆忠心的苏武节。它还表现为宁死不降的严将军的头，表现为拼死抵抗的嵇侍中的血。表现为张睢阳誓师杀敌而咬碎的齿，表现为颜常山仗义骂贼而被割的舌。有时又表现为避乱辽东喜欢戴白帽的管宁，他那高洁的品格胜过了冰雪。有时又表现为写出《出师表》的诸葛亮，他那死而后已的忠心让鬼神感泣。有时表现为祖逖渡江北伐时的楫，激昂慷慨发誓要吞灭胡羯。有时表现为段秀实痛击奸人的笏，逆贼的头颅顿时破裂。这种浩然之气充塞于宇宙乾坤，正义凛然不可侵犯而万古长存。当这种正气直冲霄汉贯通日月之时，活着或死去根本用不着去谈论！大地靠着它才得以挺立，天柱靠着它才得以支撑。三纲靠着它才能维持生命，道义靠着它才有了根本。可叹的是我遭遇了国难的时刻，实在是无力去安国杀贼。穿着朝服却成了阶下囚，被人用驿车送到了穷北。如受鼎镬之刑对我来说就像喝糖水，为国捐躯那是求之不得。牢房内闪着点点鬼火一片静谧，春院里的门直到天黑都始终紧闭。老牛和骏马被关在一起共用一槽，凤凰住在鸡窝里像鸡一样饮食起居。一旦受了风寒染上了疾病，那沟壑定会是我的葬身之地，如果能这样再经历两个寒暑，各种各样的疾病就自当退避。可叹的是如此阴暗低湿的处所，竟成了我安身立命的乐土住地。这其中难道有什么奥秘，一切寒暑冷暖都不能伤害我的身体。因为我胸中一颗丹心永远存在，功名富贵对于我如同天边的浮云。我心中的忧痛深广无边，请问苍天何时才会有终极。先贤们一个个已离我远去，他们的榜样已经铭记在我的心里。屋檐下我沐着清风展开书来读，古人的光辉将照耀我坚定地走下去

## 家风故事

### 文天祥：人生自古谁无死，留取丹心照汗青

文天祥（1236—1283 年），江南西路吉州庐陵县人，南宋末年政治家、文学家，抗元名臣，民族英雄，与陆秀夫、张世杰并称为"宋末三杰"。

宋理宗宝祐四年（1256 年），二十一岁的文天祥中进士第一，成为状元。一度掌理军器监兼权直学士院，因直言斥责宦官董宋臣，讥讽权相贾似道而遭到贬斥，数度沉浮，在三十七岁时自请致仕。德祐元年（1275 年），元军南下攻宋，文天祥散尽家财，招募士卒勤王，被任命为浙西、江东制置使兼知平江府。在援救常州时，因内部失和而退守余杭。随后升任右丞相兼枢密使，奉命与元军议和，因面斥元主帅伯颜被拘留，于押解北上途中逃归。不久后在福州参与拥立益王赵昰为帝，又自赴南剑州聚兵抗元。景炎二年（1277 年）再攻江西，终因势孤力单败退广东。祥兴元年（1278 年）卫王赵昺继位后，拜少保，封信国公。后在五坡岭被俘，押至元大都，被囚三年，屡经威逼利诱，仍誓死不屈。元至元十九年十二月（1283 年 1 月），文天祥从容就义，终年四十七岁。明代时追赐谥号"忠烈"。文天祥多有忠愤慷慨之文，其诗风至德祐年间后一变，气势豪放，允称诗史。他在《过零丁洋》中所作的"人生自古谁无死，留取丹心照汗青"，气势磅礴，情调高亢，激励了后世众多为理想而奋斗的仁人志士。

## 现代启示

2019 年 4 月 30 日，习近平总书记在纪念五四运动 100 周年大会上讲话指出，爱国主义是我们民族精神的核心，是中华民族团结奋斗、自强不息的精神纽带。爱国，是人世间最深层、最持久的情感。爱国主义是热爱和忠于自己祖国的思想、感情和行为的总和，是对待祖国的一种政治原则和道德原则。爱国主义是具体的，不是抽象的；是生动的，不是空泛的。中国共产党成立以来，祖国的命运和党的命运、社会主义的命运紧紧相连，密不可分。当代中国，爱国主义的本质就是坚持爱国和爱党、爱社会主义高度统一。只有坚持爱国和爱党、爱社会主义相统一，爱国主义才是鲜活的、真实的。对每一个中国人来说，爱国是本分，也是职责，是心之所系、情之所归。爱国，不能停留在口号上，应当把自己的理想同祖国的前途、把自己的人生同民族的命运紧密联系在一起，扎根人民，奉献国家。

75.元好问《四哀诗·李钦叔》：当官避事平生耻，视死如归社稷心

### 元·元好问《四哀诗·李钦叔》

赤县神州坐陆沈，金汤非粟祸侵寻。

当官避事平生耻，视死如归社稷心。

文采是人知子重，交朋无我与君深。

悲来不待山阳笛，一忆同衾泪满襟。

**译文**

眼看神州陆沉，李钦叔当然想挽狂澜于既倒，可是没有粮草，哪怕是固若金汤的城池，又如何能守得住啊。

李钦叔这个人，向来以当官却不敢任事、逃避责任为一生最大的耻辱；他对江山社稷一片赤胆忠心，把为国家而死看得像回家一样平常。

他才华卓著，为世人所重，是我最好的朋友。

如今他驾鹤西去，再回忆起当初亲密相交的那些日子，真是令人悲从中来，泪满衣襟。

**|家风故事|**

## 李钦叔的死于国事

李钦叔，名献能，金朝人，是贞祐三年（1215 年）的状元。李钦叔资质甚高，博闻强记，同辈人中很少有超过他的。不过，他最为人称道的还不是才学，而是他的人品。他对于人情世故无不洞察，世间所有的狡诈伎俩、阴谋诡计，他一眼就能看出，但从来不屑于使用。他是个典型的性情中人，勇于任事，朋友中谁有了什么麻烦事，他都会不遗余力地去帮助人家解决，哪怕自己身处险境也无所顾惜，因此在同辈人中享有极高的威望。

李钦叔之死，是死于国事。当时金朝占据中原，背面有蒙古，南面有南宋，局势危如累卵。正大五年（1228 年），李钦叔任镇南军节度副使充河中帅府经历官；正大八年（1231 年），元军攻破河中，李钦叔避难陕州，随后就任陕府行省左右司郎中，又为陕府经历官。天兴元年（1232 年），陕州赵三三军变，李钦叔被杀，时年四十二岁。除李钦叔外，元好问还有另外三位挚友（冀京父、李长源、王仲泽），也都在这一时期相继死于国难。对于朋友们的离世，元好问非常悲伤，于是写下了一组诗歌表达自己的怀念之情，这就是《四哀诗》。其中的第一首，就是悼念李钦叔的。

**|现代启示|**

2015 年 1 月 12 日，习近平总书记在中央党校县委书记研修班学员座谈会上的讲话中指出："为官避事平生耻。"干部就要有担当，有多大担当才能干多大事业，尽多大责任才会有多大成就。不能只想当官不想干事，只想揽权不想担责，只想出彩不想出力。县一级领导要谋几十万、上百万人的改革发展稳定大计，管千头万绪的事务，这个舞台足够大，刚才你们也说到了，是"芝麻官"千钧担。

党把干部放在这样一个岗位上是信任，是重托，要意气风发、满腔热情干好，为官一任、造福一方。不能干一年、两年、三年还是涛声依旧，全县发展面貌没有变化，每年都是重复昨天的故事。

"当官避事平生耻，视死如归社稷心"的意思是，在其位要谋其政，做官避事是平生最大的耻辱，为了国家民族牺牲生命也在所不惜。古人尚且有如此境界认识，何况我们身在新时代的共产党人？因此，我们各级党员干部特别是领导干部在担当问题上不仅要敢说，还要敢干。不能上级讲担当，也跟着喊担当，就是不敢出来真担当。都想升堂坐帐，没有人挂帅出征，更没有人愿意当先锋打头阵，是打不赢仗的。敢不敢担当，说到底就是公、私两个字决定的。工作就是不断发现问题和解决问题的过程，只要我们行得正、坐得端，只要我们是一心一意为党工作的，只要我们做得光明正大，一碗水端平，没有什么人的老虎屁股摸不得，谁举报谁来查都并不可怕。如果个人私心杂念过重，必然前怕狼后怕虎，这个人也不敢说，那个人也不敢惹，对歪风邪气妥协退让，最终让歪风成风，让邪气成气，既有损于风气建设，又有损于党的形象威信。

## 76. 许衡《许鲁斋语录》：天下只问是与不是

**▌典故出处▌**

### 元·许衡《许鲁斋语录》

或谓人依道理行，多不乐，故不肯收敛入来。放旷不守法度，却乐多，只于那壁去了。以故为学近理者少，而多喜于自恣，放言自适，如李太白诸诗豪皆是也。此何故？曰，天下只问是与不是，休问乐与不乐。若分明知得这壁是，那壁不是，虽乐亦不从也。

**▌译文▌**

有人说，人要是讲道理，讲道德，大多活得很累。故而都不肯本本分分做人，愿意放荡不羁，不守法度，觉得这样乐趣多，就一味走下去了。由于这个缘故，如今真正做学问、明白事理人少了，而多喜欢自寻其乐，大言不惭以寻求解脱，像李白等诸位大诗人一样。这是什么原因呢？我认为，天下的事，只应问对还是不对，不要问乐还是不乐。如果已很清楚地知道这么做是对，那么做不对，那么，不对的事就是有乐趣不应该做。

**▌家风故事▌**

### 吕元膺小事识人的故事

唐代名臣吕元膺为东都洛阳留守时，经常与门客弈棋。一次，属下送来一沓要紧的公文，吕元膺遂放下棋子移步批阅。门客乘机偷换一子逆转败势，他自以为做得神不知鬼不觉而暗自得意。不想吕元膺已把一切看得清清楚楚，但却装作浑然不觉。次日，即准备了一份丰厚的盘缠送给他，请他到别处高就。所有人都不明就里，他也始终未解释一个字。十年后，弥留之际的吕元膺才对子侄们道出原委："易一着棋子，亦未足介意，但心迹可畏。"吕元膺以此告诫他们，交友一定要心明眼亮。偷换一个棋子，其实并不值得介意，但反映出此人的心迹可怕。他为了赢，可以不择手段，不顾一切，倘若疏于镜鉴，无异于以身伺虎，危不可言。

## ▎现代启示▎

界线就是生命线。作为党员干部，分得出界线才能头脑清醒，把得住界线才是真有定力。共产党人要理想信念坚定，做到心中有党，在党言党、在党爱党、在党兴党，在大是大非面前旗帜鲜明，在风浪考验面前无所畏惧，在各种诱惑面前理想坚定，在关键时刻靠得住、信得过、能放心。身为党员干部要心存敬畏、手握戒尺，言有所戒、行有所止，慎独慎微、勤于自省，不踩"底线"、不越"红线"、不碰"高压线"，不因诱惑而折腰，不以重压而退缩，在面临"情"与"法"的考验时，增强自律意识，严把用权"界线"，确保权力行使不偏向、不变质、不越轨、不出格，切实做到讲党性不讲私情，讲原则不讲关系，讲真理不讲面子，决不能以感情代替原则，更不能因为感情而违反纪律，甚至触犯法律。具体来说，党员干部尤其要把握好"三条界线"：一要自觉把好公与私的界线，把"大公无私、公私分明、克己奉公"牢牢记在脑子里，落实到行动中，决不能把党和人民赋予的权力作为谋取私利、收敛钱财的工具；二要自觉把好情与法的界线，在法纪和情感面前，要把握好尺度，学会拒绝，不要拿自己的政治生命去赌别人的人品，不要为了顾及面子，使自己触犯党纪国法；三要自觉把好清与浊的界线，保持知足常乐的心态、知险止步的警觉，对权力和金钱时刻保持敬畏之心，算好政治账、经济账、家庭账，始终保持一身清正，管住非分污浊之念，不论置身什么环境和条件，不论面对什么诱惑和考验，都要稳住心神、明辨是非，不能越雷池一步。

## 77. 王冕《墨梅》：只留清气满乾坤

### 典故出处

#### 元·王冕《墨梅》

吾家洗砚池头树，朵朵花开淡墨痕。

不要人夸颜色好，只留清气满乾坤。

### 译文

我家洗砚池边有一棵梅树，

朵朵开放的梅花都像是用淡淡的墨汁点染而成。

它不需要别人夸奖颜色多么好看，

只是要将清香之气弥漫在天地之间。

### 家风故事

#### 王冕僧寺夜读的故事

王冕是诸暨县（今诸暨市）人。七八岁时，父亲叫他在田埂上放牛，他偷偷地跑进学堂，去听学生念书。听完以后，总是默默地记住。傍晚回家，他把放牧的牛都忘记了。王冕的父亲大怒，打了王冕一顿。过后，他仍是这样。他的母亲说："这孩子想读书这样入迷，何不由着他呢？"王冕从此以后就地离开家，寄住在寺庙里。一到夜里，他就暗暗地走出来，坐在佛像的膝盖上，手里拿着书就着佛像前长明灯的灯光诵读，书声琅琅一直读到天亮。佛像多是泥塑的，一个个面目狰狞凶恶，令人害怕。王冕虽是小孩，却神色安然，好像没有看见似的。安阳的韩性听说此事，觉得他与众不同，将他收作学生，王冕于是学成了博学多能的儒生。

## ▌现代启示▌

清正廉洁是我们党的政治优势，是共产党员的政治本色。保持清正廉洁是对领导干部的基本要求，是为官从政不可逾越的一道红线。中国共产党人历来重视党风廉政建设，将廉洁自律摆在至关重要的位置。习近平总书记指出："功成名就时做到居安思危、保持创业初期那种励精图治的精神状态不容易，执掌政权后做到节俭内敛、敬终如始不容易，承平时期严以治吏、防腐戒奢不容易，重大变革关头顺乎潮流、顺应民心不容易。"回顾党的历史，我们党之所以能够在那么弱小的情况下逐步发展起来，在腥风血雨中能够一次次绝境重生，在攻坚克难中能够不断从胜利走向胜利，根本原因在于不管是处于顺境还是逆境，我们党始终坚守为中国人民谋幸福、为中华民族谋复兴这个初心和使命，始终坚持自我革命，始终秉承廉洁自律的准则，从而赢得了人民的衷心拥护和坚定支持。作为领导干部，手中多多少少都掌握着一定的权力。权力是一把双刃剑，用好了，可以造福于民；用不好或者滥用，就会侵害群众的利益、祸害自己。新时代新征程迫切需要一批能干事、能成事的党员干部，迫切需要干净干事、廉洁从政的干部队伍，迫切需要风清气正、人心思进的政治生态。每位党员干部都要始终保持高尚的精神追求和道德情操，做到清清白白做人、干干净净做事、坦坦荡荡为官，一身正气，两袖清风。

## 78.王守仁《教条示龙场诸生》：志不立，天下无可成之事

典故出处

### 明·王守仁《教条示龙场诸生》

立志

志不立，天下无可成之事。虽百工技艺，未有不本于志者。今学者旷废隳惰，玩岁愒时，而百无所成，皆由于志之未立耳。故立志而圣，则圣矣；立志而贤，则贤矣；志不立，如无舵之舟，无衔之马，漂荡奔逸，终亦何所底乎？昔人有言："使为善而父母怒之，兄弟怨之，宗族乡党贱恶之，如此而不为善，可也。为善则父母爱之，兄弟悦之，宗族乡党敬信之，何苦而不为善、为君子？使为恶而父母爱之，兄弟悦之，宗族乡党敬信之，如此而为恶，可也。为恶则父母怒之，兄弟怨之，宗族乡党贱恶之，何苦必为恶、为小人？"诸生念此，亦可以知所立志矣。

勤学

已立志为君子，自当从事于学。凡学之不勤，必其志之尚未笃也。从吾游者，不以聪慧警捷为高，而以勤确谦抑为上。诸生试观侪辈之中，苟有"虚而为盈，无而为有"，讳己之不能，忌人之有善，自矜自是，大言欺人者，使其人资禀虽甚超迈，侪辈之中有弗疾恶之者乎？有弗鄙贱之者乎？彼固将以欺人，人果遂为所欺，有弗窃笑之者乎？苟有谦默自持，无能自处，笃志力行，勤学好问；称人之善，而咎己之失；从人之长，而明己之短，忠信乐易，表里一致者，使其人资禀虽甚鲁

259

钝，侪辈之中，有弗称慕之者乎？彼固以无能自处，而不求上人，人果遂以彼为无能，有弗敬尚之者乎？诸生观此，亦可以知所从事于学矣。

改过

夫过者，自大贤所不免，然不害其卒为大贤者，为其能改也。故不贵于无过，而贵于能改过。诸生自思，平日亦有缺于廉耻忠信之行者乎？亦有薄于孝友之道，陷于狡诈偷刻之习者乎？诸生殆不至于此。不幸或有之，皆其不知而误蹈，素无师友之讲习规饬也。诸生试内省，万一有近于是者，固亦不可以不痛自悔咎，然亦不当以此自歉，遂馁于改过从善之心。但能一旦脱然洗涤旧染，虽昔为盗寇，今日不害为君子矣。若曰吾昔已如此，今虽改过而从善，将人不信我，且无赎于前过，反怀羞涩疑沮，而甘心于污浊终焉，则吾亦绝望尔矣。

责善

"责善，朋友之道"；然须"忠告而善道之"，悉其忠爱，致其婉曲，使彼闻之而可从，绎之而可改，有所感而无所怒，乃为善耳。若先暴白其过恶，痛毁极诋，使无所容，彼将发其愧耻愤恨之心；虽欲降以相从，而势有所不能。是激之而使为恶矣。故凡讦人之短，攻发人之阴私以沽直者，皆不可以言责善。虽然，我以是而施于人，不可也；人以是而加诸我，凡攻我之失者，皆我师也，安可以不乐受而心感之乎？某于道未有所得，其学卤莽耳。谬为诸生相从于此，每终夜以思，恶且未免，况于过乎？人谓"事师无犯无隐"，而遂谓师无可谏，非也；谏师之道，直不至于犯，而婉不至于隐耳。使吾而是也，因得以明其是；吾而非也，因得以去其非。盖教学相长也。诸生责善，当自吾始。

## 译文

立志

志向不能立定，天下便没有可做得成功的事情。虽然各种工匠有技能才艺的人，没有不以立志为根本的。现在的读书人，旷废学业，堕落懒散，贪玩而荒费时日，因此百事无成，这都是由于志向未能立定罢了。所以立志做圣人，就可以成为圣人了；立志做贤人，就可成为贤人了。志向没有立定，就好像没有舵的船，没有衔环的马，随水漂流，任意奔逃，最后又到什么地方为止呢？古人所说："假使做好事可使父母愤怒他，兄弟怨恨他，族人乡亲轻视厌恶他，如像这样就不去做好事，是可以的。做好事就使父母疼爱他，兄弟喜欢他，族人乡亲尊敬信服他，何苦却不做好事不做君子呢？假使做坏事可使父母疼爱他，兄弟喜欢他，族人乡亲尊敬信服他，如像这样就做坏事，是可以的。做坏事就使父母愤怒他，兄弟怨恨也，族人乡亲轻视厌恶他，何苦却一定要做坏事、做小人呢？"各位同学想到这点，也可以知道为君子应立定志向了。

勤学

已经立志做一个君子，自然应当从事于学问，凡是求学不能勤奋的人，必定是他的志向还没有坚实的缘故。跟随我求学的人，不是以聪明智能机警敏捷为高尚，却是以勤奋确实谦逊有礼为上等之选。各位同学试看你们同学当中，假若有人本来空虚却装作充实，本来没有却装作已有，掩饰自己的无能，忌恨他人的长处，自我炫耀自以为是，大话骗人的人，假使这个人天资禀赋虽然很优异，同学当中有不痛恨厌恶他的吗？有不鄙弃轻视他的吗？他固然可以欺骗人，别人果真就被他欺骗，有不暗中讥笑他的吗？假如有人谦虚沉默自我持重，以无才能自居，坚定意志努力实行，勤奋求学，喜好请教；称赞别人的长处，并且责备自己的过失；学习别人的长处，并且能明白自己的短处；忠诚信实和乐平易，外表内心一致的人，即使这个人天资禀赋虽然很愚鲁迟钝，同学当中，有不称赞羡慕他的吗？他固然以无能者自居，并且不求超过他人之上，他人果真就以为他是无能，有不尊敬崇尚他的吗？各位同学明白了这个道理，也可以知道为君子应勤于治学了。

改过

说到过失，虽然大贤人也不至于完全没有，但是不妨碍他最后成为大贤人，因为他能改正啊。所以做人不注重于没有过失，可是注重在能够改过。各位同学自己想想，日常也有缺少于廉耻忠信的德行吗？也有轻视于孝顺友爱的道理，陷入在狡猾奸诈苟且刻薄的习气吗？各位同学恐怕不至于这样。不幸或者有此情形，都是他不能自知而误犯过错，平日没有老师朋友的讲解学习规勤约束的缘故啊。各位同学试着反省，万一有近似这样的行为，固然是不可以不极力地悔过；但是也不应当因此自卑，以至于没有了充分地改过就善的心了，只要能有一天完全除掉旧有的恶习，虽然从前做过强盗贼寇，今天仍不妨碍他成为一个君子啊。如果说我从前已经这样坏，今天虽能改过而向善，别人也将不会相信我，而且也无法补救以前的过失，反而怀抱着羞愧、疑惑、沮丧的心理，而甘愿在污秽沉迷中到死呢，那我也就绝望了。

责善

所谓"互相责求向善，是朋友相处的道理"；但是必须做到无所谓的"尽心地劝告并且好好地开导他"，尽自己的忠诚爱护的心意，尽量用委婉曲折的态度，使朋友听到它就能够接受，深思出道理后就能够改过，对我有感激却没有恼怒，才是最好的方法啊。如果首先揭发他的过失罪恶，极力地毁谤斥责，使他无地容身，他将产生惭愧羞耻或愤怒怨恨的心；虽然想要委屈自己来听从，可是在情势上已经不可能。这等于是激怒他使他做坏事了。所以凡是当面揭发他人的短处，攻击揭发他的隐私，用来换取正直的名声的人，都不能和他谈论要求朋友为善的道理。即使这样，我用这种态度对待别人，也是不可以啊；他人用这种态度加在我的身上，凡是攻击我的过失的人，都是我的老师，怎么可以不乐意接受而且内心感激他呢？我对于圣道没有什么心得，我的学问是粗浅的。各位同学跟随我来此求学，我常整夜思量，罪恶还不能免除，何况过失呢？有人说，"侍奉老师不可以冒犯，也不可以隐讳不说"，因此就说老师没有可以劝谏的地方，这是不对的。劝谏老师的方法，要坦直却不至于恶言冒犯，要用委婉的态度不至于隐讳不说。假使我是对的，能够因此清楚我是对的，假使我是错，能够因此明白来改正我的错误。这就是教者学者彼此互相规劝而长进的啊。各位同学责求向善，应当从要求我为善开始。

## 家风故事

### 王守仁"龙场悟道"的故事

王守仁（1472—1529 年），幼名云，字伯安，别号阳明。浙江绍兴府余姚县（今属宁波余姚）人，因曾筑室于会稽山阳明洞，自号阳明子，学者称之为阳明先生，亦称王阳明。明代著名的思想家、文学家、哲学家和军事家，陆王心学之集大成者，精通儒家、道家、佛家。晚年官至南京兵部尚书、都察院左都御史。因平定宸濠之乱军功而被封为新建伯，隆庆年间追赠新建侯。王守仁（心学集大成者）和孔子（儒学创始人）、孟子（儒学集大成者）、朱熹（理学集大成者）并称为孔孟朱王。其学术思想传至中国、日本、朝鲜半岛以及东南亚，产生了重要而深远的影响。集立功、立德、立言于一身，成就冠绝有明一代。谥"文成"，故后人又称王文成公。

王阳明于明武宗正德元年（1506 年），因反对宦官刘瑾，被廷杖四十，谪贬至贵州龙场当驿丞。龙场万山丛薄，苗、僚杂居。在龙场这既安静又困难的环境里，王阳明结合历年来的遭遇，日夜反省。一天半夜里，他忽然有了顿悟，认为心是感应万事万物的根本，由此提出心即理的命题。认识到"圣人之道，吾性自足，向之求理于事物者误也"。这就是著名的"龙场悟道"。

**▌现代启示▌**

2015年12月,习近平总书记在全国党校工作会议上指出:"党性教育是共产党人修身养性的必修课,也是共产党人的'心学'。"习近平总书记将党性教育比作共产党人的"心学",这一重要论断从更深层次上指出了党性教育的重要性,其中蕴含的深意值得仔细品味。古人讲:"不能胜寸心,安能胜苍穹。"党性是衡量党员阶级觉悟的高低和立场是否坚定的准绳,是党员干部立身、立业、立言、立德的基石。对于一个政党而言,党性是固有的本质属性,是区别于其他政党的本质特征;对党员来说,党性是灵魂,体现的是党员意识、信仰信念、大局观念、道德品行、作风形象等。革命战争年代,共产党员的党性表现为甘愿为民族独立解放而抛头颅、洒热血。改革开放新时期,共产党员的党性表现为解放思想、实事求是,自觉为建设中国特色社会主义而奋斗。当前,中国特色社会主义进入新时代,共产党员坚持党性,核心就是坚持正确政治方向,站稳政立场,坚持把人民对美好生活的向往作为奋斗目标,让人民的获得感实实在在,看得见、摸得着。坚强的党性,是成为合格共产党人的首要条件。党员干部特别是领导干部要自觉接受党性教育,不断进行自我认识、自我教育、自我完善,把加强党性锤炼作为天天坚持的常修课,在加强党性修养上率先垂范。

## 79.王守仁《示宪儿》：凡做人，在心地

**典故出处**

### 明·王守仁《示宪儿》

　　幼儿曹，听教诲：勤读书，要孝弟；学谦恭，循礼义；节饮食，戒游戏；毋说谎，毋贪利；毋任情，毋斗气；毋责人，但自治。能下人，是有志；能容人，是大器。凡做人，在心地；心地好，是良士；心地恶，是凶类。譬树果，心是蒂；蒂若坏，果必坠。吾教汝，全在是。汝谛听，勿轻弃！

**译文**

　　大小少年，且听教诲：勤奋读书，要行孝悌；
　　学会谦恭，遵循礼仪；节制饮食，戒除游戏；
　　不能说谎，不能贪利；不能任性，不能斗气；
　　不靠别人，管好自己。谦居人下，是有志气；
　　容让他人，成就大器。凡是做人，全在心地；
　　心地善良，必是良士；心地丑恶，必是凶类。
　　就像果实，心是果蒂；果蒂坏死，果实坠地。
　　我的教诲，全在这里，仔细聆听，不能放弃。

**|家风故事|**

## 王阳明："第一等事应是读书做圣贤"

1483 年，王阳明在北京的私塾读书。有一天，他一本正经地问老师："何谓第一等事？"这话的意思其实就是问，人生的终极价值到底是什么？他的老师吃了一惊，从来没有学生问过他这样的问题，他看了看王阳明，笑笑，又思考了一会儿，才作出他自认最完美的回答："当然是读书做大官啊。"王阳明显然对这个答案不满意，他看着老师说："我认为不是这样。"老师不自然地"哦"了一声："怎么？你还有不同的看法？"王阳明点头说："我以为第一等事应是读书做圣贤。"

**|现代启示|**

学习是人生成长进步的阶梯。古代社会，信奉"万般皆下品，唯有读书高"，讲究"几百年人家无非积善；第一等好事只是读书"。积善就是要行善做善事，读书就是要读圣贤书、读古人书、忧天下事。诗书传家，不止十代；富贵传家，不过三代。读书不是唯一的出路，却是非常公平的路，不计较天赋和出身，只看重努力和付出。在现代社会，学习同样重要。学习是文明传承之途、人生成长之梯、政党巩固之基、国家兴盛之要。习近平总书记曾说过，高度重视学习、善于进行学习、是我们党保持和发展先进性、始终走在时代前列的重要保证。事业要创造奇迹，个人要创造奇迹，要靠长期的学习积累，要靠在学习方面矢志不移，围绕目标，坚持不懈地努力。好学才能上进，好学才有本领。不学习知识，就没有办法赢得主动、赢得优势、赢得未来。对于领导干部来说，学习不只是个人的问题，也不是一般性的问题，而是关系到党和国家工作的推进、社会主义现代化事业的发展和党的执政地位的巩固问题。我们经常讲理论是用来"武装头脑、指导实践、推动工作"的，但并不是所有的人都能真正认识到、学得好、用得好。理论上的成熟是一名党员干部成熟的标志，政治上的坚定来源于理论上的认知和清醒。通过多领域、多层次、多种形式的理论学习补足精神之钙、把握社会经济、了解现代科学、增强辨识能力、丰富文化生活，使自己自觉成为讲政治、守规矩、具有现代理念、富有开拓创新精神的人。

## 80.张居正《示季子懋修书》：必志骛于高远，而力疲于兼涉

**┃典故出处┃**

### 明·张居正《示季子懋修书》

汝幼而颖异，初学作文，便知门路，吾尝以汝为千里驹。即相知诸公见者，亦皆动色相贺曰："公之诸郎，此最先鸣者也。"乃自癸酉科举之后，忽染一种狂气，不量力而慕古，好矜己而自足，顿失邯郸之步，遂至匍匐而归。

丙子之春，吾本不欲求试，乃汝诸兄咸来劝我，谓不宜挫汝锐气，不得已黾勉从之，竟致颠蹶。艺本不佳，于人何尤？然吾窃自幸曰："天其或者欲厚积而钜发之也。"又意汝必惩再败之耻，而俯首以就矩镬也。岂知一年之中，愈作愈退，愈激愈颓。以汝为质不敏耶？固未有少而了了，长乃惛惛者；以汝行不力耶？固闻汝终日闭门，手不释卷。乃其所造尔尔，是必志骛于高远，而力疲于兼涉，所谓之楚而北行也！欲图进取，岂不难哉！

夫欲求古匠之芳躅，又合当世之轨辙，惟有绝世之才者能之，明兴以来，亦不多见。吾昔童稚登科，冒窃盛名，妄谓屈宋班马，了不异人，区区一第，唾手可得，乃弃其本业，而驰骛古典。比及三年，新功未完，旧业已芜。今追忆当时所为，适足以发笑而自点耳。甲辰下第，然后揣己量力，复寻前辙，昼作夜思，殚精毕力，幸而艺成，然亦仅得一第止耳，扰未能掉鞅文场，夺标艺苑也。今汝之才，未能胜余，乃不俯寻吾之所得，而蹈吾之所失，岂不谬哉！

吾家以诗书发迹，平生苦志励行，所以贻则于后人者，自谓不敢后于古之世家名德。固望汝等继志绳武，益加光大，与伊巫之俦，并垂史册耳！岂欲但窃一第，以大吾宗哉！吾诚爱汝之深，望汝之切，不意汝妄自菲薄，而甘为辕下驹也。

今汝既欲我置汝不问，吾自是亦不敢厚责于汝矣！但汝宜加深思，毋甘自弃。假令才质驽下，分不可强；乃才可为而不为，谁之咎与！己则乖谬，而使诿之命耶，惑之甚矣！且如写字一节，吾哎哎谆谆者几年矣，而潦倒差讹，略不少变，斯亦命为之耶？区区小艺，岂磨以岁月乃能工耶？吾言止此矣，汝其思之！

### 译文

你小时候十分灵敏聪慧，刚学写文章，便知道写作的方法，我曾经认为你是千里马。和我相熟的朋友看到你，也都高兴地祝贺我说："您的几个儿子当中，他应该是最先取得成功的一个。"然而自从癸酉年科举中第，你忽然染上了一种狂傲之气，自不量力地仿效古人，骄矜自满，好比那邯郸学步的年轻人，把自己本有的忘了，只得爬着回家。

丙子年的春天，我本不想让你去应试，是你的几个兄长都来劝我，说不应该挫伤了你的锐气，我只好勉强答应，最终你遭受挫败。你学艺不精，我埋怨你又有什么用呢？可是我私下庆幸地说："老天大概是要让你厚积薄发吧。"又想到你会记住再次失败的教训，肯低下头来遵守规矩。哪里想到一年里，你越写越退步，越激励你你越颓废。是你的才质不聪敏吗？大概还没有小时候聪慧，长大了却是很懵懂的人。是你不够努力吗？我听说你终日闭门读书，手不释卷。可是才学造诣平常，这一定是你好高骛远，涉猎的方面太广而使得自己精力疲倦，这就是南辕北辙啊！要追求进步，难道不是很困难吗？

想追寻前人的足迹，又合乎当世的准则，只有才华卓著的人才能做到，从明朝建立以来，这种人并不多见。我早年年少登科，得到了人们附会的好名声，胡乱品评屈原、宋玉、班固、司马迁这些人，认为自己了不起，与一般的人不同，以为科举及第是很轻松的事情，于是放弃原来的学业，仿效古人。等到过了三年，学习古典的还没有取得成功，原来的学业已经荒废。现在回忆当时所做的一切，只能招人讥笑，给自己带来羞辱。甲辰年我科举落第，于是估摸自己的能力，继续以前的学业，不分昼夜地学习，用尽自己的力量，侥幸学业有所成就，然而也只是科举中第罢了，还没有能力在文学界夺得头筹。如今你的才能没有超过我，可是不放低姿态按照我成功的路径走，而要重蹈我失败的覆辙，这不是很荒谬吗？

我们家凭读书兴起，我一生尽力追求、努力学习，要留给你们后人的家规，我以为是不敢落后于古代世家的高尚道德。本来希望你们能继承我的志愿，将这种精神道德发扬光大，以便能同伊尹、巫咸这些人一起彪炳史册。哪里想只是侥幸在科举考试中考中一次，来光大我们宗族呢！我的确是爱你很深，对你有殷切的期望，没有料到你过分地看轻自己，甘心做一个平庸的人。

现在你既然希望我对你不闻不问，我自然也不敢对你严加指责！但是你应该进一步地思考，不要自暴自弃。如果是才质驽钝，自然无法勉强；可是你有能力却不去做，这又能怪谁呢？自己性情怪僻，却归咎到命运，糊涂得很厉害呀！譬如说写字，我啰啰唆唆给你讲了几年，可是你字迹涂草而且有错误，却没有一点改变，难道这也是命运造成的吗？写字是小事情，但是任随时间流逝就能做好吗？我的话说到这了，你可要好好想想啊！

## 张居正落榜的故事

张居正（1525—1582 年），字叔大，号太岳，湖广江陵（今湖北江陵）人。嘉靖进士，1567 年入阁。后为内阁首辅。神宗朱翊钧即位时年幼，国事皆由他主持，达 10 年之久。1578 年下令清丈土地，清查大地主隐瞒的庄田。1581 年，在全国推行"一条鞭法"。1582 年 7 月 9 日逝世。著有《张文忠公全集》。

据说，张居正天资聪颖，五岁识字，七岁能通六经大义，十二岁考中秀才，十三岁到武昌报名参加乡试。但时任湖广巡抚的顾璘却让张居正落榜。因为他历经宦海沉浮，阅遍世事沧桑，深知年少成名，并不是好事。因此，他觉得要把这个"神童"打磨一下，让他受点挫折，以便日后成为真正的济世之才。对于这一次落榜，张居正的内心很平静，他有那样的悟性，知道今日的失意不是败北，而是可遇难求的磨砺。据说，落榜那天，顾璘前来看望他，没有多言，只意味深长地送了他一句诗，"他山有砺石，良璧愈晶莹"。张居正读到这句诗，感激不尽，从此安下心来，磨砺三年。

三年后，毫无悬念，十六岁的张居正乡试高中。这一次，顾璘对张居正说了一席话：古人云"大器晚成"，其实这是对中才而言。你不是中才，是大才，所以成名甚早。三年前，我授意故意不录取你，希望你能理解我的本心。我是希望你有远大的抱负，做伊尹、颜渊那样的栋梁，不要只做一个年少成名的秀才。现在，你已是举人，将来必为进士，你要记住，世道沧桑，道路坎坷，若要功成，心中非有巨柱不可，无论遭遇何等艰难困苦，要去固守，无惧无畏，不荒不废。

**▌现代启示▐**

在现实生活中，我们不可避免地会遇到一些挫折和困难，还有可能会出现一些错误和失误。面对挫折困难，首要的就是要坚持信仰，实现自我超越。心中有信仰，行动有力量。中国共产党百年历史充分证明，中国共产党之所以能够历经挫折而不断奋起，历尽苦难而淬火成钢，归根到底在于千千万万中国共产党人心中的远大理想和革命信念始终坚定执着，始终闪耀着火热的光芒。干事创业，首要是状态，关键在于状态。良好的精神状态，是做好一切工作的前提，关乎事业成败。实践告诉我们，一个人精神状态好，就能集中全部精力、展现全部能力、释放全部潜力，无论顺境逆境、顺利挫折，都能一往无前，甚至愈挫愈勇，最终成就一番事业；反之，精神不振，再好的基础和条件也会消磨一空，再好的机遇也会白白浪费。在实现中华民族伟大复兴的新征程上，应对重大挑战、抵御重大风险、克服重大阻力、解决重大矛盾，迫切需要迎难而上、挺身而出的担当精神。只要我们勇挑重担、勇克难关、勇斗风险，中国特色社会主义就能充满活力、充满后劲、充满希望。进入新时代，我们更要秉持光荣传统，勇对苦难挑战，敢于拼搏奋斗。我们要勇做走在时代前列的奋进者、开拓者、奉献者，毫不畏惧面对一切艰难险阻，在劈波斩浪中开拓前进，在披荆斩棘中开辟天地，在攻坚克难中创造业绩，用青春和汗水创造新奇迹。

# 81. 李应升《诫子书》：人不可上，势不可凌

## 典故出处

### 明·李应升《诫子书》

吾直言贾祸，自分一死，以报朝廷，不复与汝相见，故书数言以告汝。汝长成之日，佩为韦弦，即吾不死之年也。

汝生长官舍，祖父母拱璧视汝，内外亲戚，以贵公子待汝。衣鲜食甘，嗔喜任意，娇养既惯，不肯服布旧之衣，不肯食粗粝之食。若长而弗改，必至穷饿。此宜俭以惜福，一也。

汝少所习见游宦赫奕，未见吾童生秀才时，低眉下人，及祖父母艰难支持之日也；又未见吾因服被逮，及狱中幽囚痛楚之状也。汝不尝胆以思，岂复有人心者哉！人不可上，势不可凌。此宜谦以全身，二也。

祖父母爱汝，汝狎而忘敬，汝母训汝，汝傲而弗亲。今吾不测，汝代吾为子可不仰体祖父母之心乎，至于汝母更倚何人，汝若不孝，神明殛之矣。此宜孝以事亲，三也。

吾居官爱名节，未尝贪取肥家。今家中所存基业，皆祖父母勤苦积累，且此番销费大半。吾向有誓愿，兄弟三分，必不多取一亩一粒。汝视伯如父，视寡婶如母，即有祖父母之命，毫不可多取，以负我志。此宜公以承家，四也。

汝既鲜兄弟，止一庶妹，当待以同胞。倘嫁中等贫家，须与妆田百亩；至庶妹之母，奉事吾有年，当足其衣食，拨与赡田，收租以给

之。内外出入，谨其防闲。此恩义所关，五也。

汝资性不钝，吾失于教训，读书已迟。汝念吾辛苦，励志勤学，倘有上进之日，即先归养。若上进无望，须做一读书秀才，将吾所存诸稿简籍，好好诠次。此文章一脉，六也。

吾苦生不得尽养。他日伺祖父母千百岁后，葬我于墓侧，不得远离。

## 译文

我因为正直的言论招致灾祸，自己料想唯有一死来报效朝廷，不能再和你相见，所以写几句话来告诫你。你长大成人的时候，能把这些话当作警诫自己的规劝，也就是我虽死犹生的时候了。

你生长在官府，祖父祖母像看待奇珍异宝一样看待你，家族内外的亲戚都用对待尊贵公子的方式对待你。你穿着光鲜的衣服，吃着甘美的食物，喜怒任性，娇生惯养已成习惯，不肯穿布衣旧衣，不肯吃粗茶淡饭。如果长大成人还不能改正，一定会陷入贫穷饥饿的境地。这样就应该用节俭来珍惜眼前的幸福，这是第一点。

你从小见惯我四处为官显赫得意的样子，没见过我做童生和秀才时低眉顺眼谦恭待人的样子，以及祖父祖母在艰难中支撑家庭时的情景，更没见过我身穿囚服被捕入狱，以及在监狱中被囚禁时万分痛苦的情形。你不尝着苦胆去好好想想这一切，又哪里算得上是有人心的人呢？做人不能居高临下，不能仗势凌驾他人。这样就应该用谦恭来保全自身，这是第二点。

祖父祖母疼爱你，你却因为亲近而忘了尊重；你的母亲教育你，你却傲慢而不亲近她。现在我遭遇难以预料的灾祸，你替代我做儿子，能不恭敬地体会祖父祖母的爱护之心吗？至于你的母亲，她还能依靠什么人呢？你如果不孝顺，上天都要惩罚你了。这样就应该用孝心来侍奉长辈，这是第三点。

我做官珍惜自己的名声和节操，不曾贪婪攫取，使自家富裕。现在家中留下的财产，都是祖父祖母勤劳辛苦积累的，况且经历这次大难，已经花费了大半。我曾有誓愿：兄弟三人，财产均分成三份，自己一定不多拿一亩田一粒谷。你要像对父亲一样对待伯父，像对母亲一样对待寡居的婶婶，即使有祖父祖母的命令，也丝毫不能多占多要，以致违背我的心愿。这样就应该以公平之心来继承家业，这是第四点。

你既然没有兄弟，只有一个庶出的妹妹，就应该拿同胞妹妹看待她，倘若她嫁到中等或贫穷人家，必须给她一百亩陪嫁田地；至于庶妹的母亲，已经侍奉我多年，应当让她丰衣足食，分给她养老的田地，让她收取田租来供养生活。家里家外进进出出，要严守规矩。这关系到恩德道义，这是第五点。

你天资不愚钝，我教育不够，你读书已经很晚。你要念着我辛勤劳苦，激发志气勤奋学习，假如有考取科举的一天，就先回家奉养老人。如果科举没有希望，也要做一个读书秀才，把我留下的文稿书籍，好好整理。这关系我们家文章学问一脉相传，这是第六点。

我深以为苦的是人生在世不能为父母养老送终。将来等到祖父祖母百年之后，一定把我葬在他们坟墓的旁边，不能远离他们。

## 家风故事

### 万纲：畏法度者乐

明太祖朱元璋曾问群臣，天下谁人最快乐，应者中，有说金榜题名，有答功成名就，还有说富甲天下。大臣万纲答道，畏法度者乐。太祖大悦，赞万纲"见解甚独"。万纲的回答是非常有道理的，因为大凡畏惧法度者，必然遵纪守法，令行禁止，不会像那些做了违法乱纪的事的人那样担惊受怕，自然就吃得香、睡得稳，这样的生活岂不快活？反之，那些贪赃枉法者，平日里极尽挥霍享乐，非但不快乐，反而连夜里都会做噩梦。

## ▎现代启示▎

朱熹说："君子之心，常怀敬畏。"心有敬畏，行有所止。敬畏不是害怕，而是一种发自内心的尊重，也是一种对自身的基本约束和自我修正。法纪既是对个人的约束，也是对个人的保护，如果缺乏对法纪的敬畏感，就会轻视法纪，心存侥幸，放纵自我，腐败问题的发生，在很大程度上都是对法纪缺乏敬畏、践踏法纪红线的结果。党的十八大以来，习近平总书记多次强调领导干部要心存敬畏，手握戒尺，并提出在对待党和国家事业上始终保持进取之心，在对待人民赋予权力上始终保持敬畏之心，在对待个人名利地位上始终保持平常之心。事实证明，只有常怀畏权之心，才能慎待权力不迷失，才能尽心为官不懈怠；只有常怀畏民之心，才能执政为民不轻民，才能为民谋利不营私；只有常怀畏法纪之心，才能发扬民主不独断，才能严于自律不乱为。作为一名领导干部，一定要强化法治观念，树立对法纪的敬畏意识，并内化为自身的信仰和自觉行动，切实做到心有所敬，行有所循；心有所畏，行有所止。要严守法纪。遵守党纪国法是一名党员干部的基本义务，法纪是"红线"和"高压线"，每一名党员干部，不管地位多高，官职多大，都要严守法纪。每名党员都要明白，纪严于法、纪在法前，纪律是"紧箍咒""高压线"，也是"防护衣""护身符"，必须从内心里敬法畏纪，做到心有所畏、言有所戒、行有所止。要有敬畏意识，谨小慎微、谨行慎独，自觉把守纪律讲规矩作为党性的重要考验、忠诚度的重要检验，经常对照自己、检查自己、警醒自己，多算算政治账、名誉账、家庭账、自由账，坚决不越"红线"、不超"底线"。

## 82. 袁衷《庭帏杂录》：志于道德者为上

**典故出处**

### 明·袁衷《庭帏杂录》

士之品有三：志于道德者为上，志于功名者次之，志于富贵者为下。近世人家生子，禀赋稍异，父母师友即以富贵期之。其子幸而有成，富贵之外，不复知功名为何物，况道德乎？伊周勋业，孔孟文章，皆男子常事。位之得不得在天，德之修不修在我。毋弃其在我者，毋强其在天者。

**译文**

读书人有三种品格：有志于道德修养的人品格最高，有志于建功立业的人次之，有志于荣华富贵的人最下。现在的人生了孩子，天赋稍微有些与众不同，父母师友就期望他长大能够荣华富贵。孩子长大后幸而获得了成功，除了荣华富贵，就不再晓得建功立业是什么，更何况是道德修养呢。尹伊和周公创下的功业，孔子和孟子著就的文章，都是男子追求的平常之事。官位得到得不到在于天命，而道德修不修养在于自身。不要放弃自己能够改变的，也不要强求自己不能改变的天命。

**家风故事**

### 张堪"渔阳惠政"的故事

东汉时期，汉武帝任命张堪为蜀郡（今四川成都一带）太守。

当时成都富庶，钱财如山，但他秋毫未取，离开成都时，只乘一辆旧马车，车上唯行囊而已。不久，朝廷又任命张堪为渔阳太守。他在任时秉公执政，"捕击奸猾，赏罚必信"，深得当地人民爱戴。当他提出要在渔阳地区大兴水利时，众多百姓响应，短期之内便开出稻田 8000 多顷。百姓编了一首歌谣赞颂张堪："桑无附枝，麦穗两歧，张君为政，乐不可支。"张堪在渔阳任职 8 年，边境安宁，社会稳定，百姓生活富足，"渔阳惠政"因此而来。

## ▌现代启示▐

人无德不立、业无德不兴、国无德不威。我们党历来高度重视党员干部的道德建设，坚持"德才兼备、以德为先"一直是我党选拔使用干部的基本标准，强调党员干部特别是领导干部务必把加强道德修养作为十分重要的人生必修课，努力以道德的力量去赢得人心、赢得事业成就；强调必须加强全社会的道德建设，引导人们向往和追求讲道德、尊道德、守道德的生活，形成向上的力量，向善的力量。

历览前贤国与家，成由勤俭败由奢。对党员干部来说，清正廉洁是最大的德，贪污腐化是最大的失德。贪心不止，欲壑难平，必须常思贪欲之害，常怀律己之心。事实证明，党员干部走上腐败的道路，几乎都是由贪婪造成的。一个人的成长进步既离不开国家和社会的培养，也包含了自身多年不懈的努力，来之不易。一定要算好政治账、经济账、亲情账，弄明白孰轻孰重，不存侥幸心理，否则就会一失足成千古恨，身败名裂；必须常修从政之德，常去非分之想，保持心灵纯净，面对社会生活中种种诱惑，心不为其所动，志不为其所衰、守得住清贫、耐得住寂寞、稳得住心神、经得住考验，拒腐蚀、永不沾。

## 83. 徐榜《宦游日记》：俭有四益

**典故出处**

### 明·徐榜《宦游日记》

俭有四益。凡人贪淫之过，未有不生于奢侈者，俭则不贪不淫，可以养德，一益也。人之受用，自有剂量，省啬淡泊，有长久之理，可以养寿，二益也。醉浓饱鲜，昏人神智，若蔬食菜羹，则肠胃清虚，无滓无秽，可以养神，三益也。奢则妄取苟求，志气卑辱，一从俭约，则于人无求，于己无愧，可以养气，四益也。

**译文**

俭有四个益处：人的贪念和淫逸，都是由奢侈而生，节俭则不会有贪念，更谈不上淫逸，所以说俭能养德，这是俭的第一大益处。人所能享受的福禄都是有定数的，如果浪费奢靡，寿命必然短促，而如果自我节制，养护珍摄，寿命自然长久，所以说俭能养寿，这是俭的第二大益处。纸醉金迷、锦衣玉食，使人意志消沉，而常食菜蔬，使人肠胃清洁，神清气爽，所以说俭能养神，这是俭的第三大益处。奢靡者为苟存，必然志气卑微、忍辱求生，而俭省节约就能让人无求于人、无愧于己，所以说俭能养气，这是俭的第四大益处。

## 家风故事

### 晏婴相齐力行节俭的故事

春秋时期的晏婴，历事齐灵公、庄公、景公三朝，以贤明、节俭闻名于世。司马迁称赞他说："既相齐，食不重肉，妾不衣帛。"意思是，用餐时不吃两种以上的肉，他的妻妾也不穿丝绸制的衣服。晏婴平时上朝，总是乘坐一辆劣马拉的破旧车子，有时甚至步行。景公觉得他乘坐的车马与他的身份太不相称了，便多次派人送去新车骏马，却都被他拒绝了。景公很不高兴，责问他为何不收。晏婴说："您让我管理全国的官吏，我深感责任重大。平时，我反对奢侈浪费，要求他们节衣缩食，以减轻百姓的负担。我若乘坐好车好马，百官们便会上行下效，奢侈之风就会流毒四方。假如真的到了那个时候，恐怕就再也无法禁止了。"

## 现代启示

尚俭戒奢，朴素节俭，是中华民族的传统美德。"历览前贤国与家，成由勤俭败由奢。"历史风云变幻，朝代兴亡更替，决定成败兴亡的因素很多，其中，勤俭与否是影响个人成长、家业兴旺、国家兴盛的重要因素之一。俭则约，俭生廉，俭为立身之德，廉为为政之德。为官者能够做到俭，往往就会成为清廉之官吏。清末名臣曾国藩曾经给他的弟弟曾国潢写过一副对联："俭以养廉，誉洽乡党；直而能忍，庆流子孙。"清人汪辉祖则直言不讳地说："欲为清白吏，必自杰用始。"俭之为德，不仅可以养廉，还可以静心寡欲，修身养性。俭则无贪淫之累，所谓有容乃大，无欲则刚；奢则渐起贪欲，贪心不足蛇吞象，必然导致无穷后患。因此，历史上的圣哲贤达，皆对俭德倍加推崇，而对奢靡深怀警惕。

## 84. 徐媛《训子书》：临事须外明于理而内决于心

### 明·徐媛《训子书》

儿年几弱冠，懦怯无为，于世情毫不谙练，深为尔忧之。男子昂藏六尺于二仪间，不奋发雄飞而挺两翼，日淹岁月，逸居无教，与鸟兽何异？将来奈何为人？慎勿令亲者怜而恶者快！兢兢业业，无怠夙夜，临事须外明于理而内决于心。钻燧去火，可以续朝阳；挥翮之风，可以继屏翳。物固有小而益大，人岂无全用哉？习业当凝神仔思，戢足纳心，鹜精于千仞之巅，游心于八极之表；浚发于巧心，抒藻为春华，应事以精，不畏不成形；造物以神，不患不为器。能尽我道而听天命，庶不愧于父母妻子矣！循此则终身不堕沦落，尚勉之励之，以我言为箴，勿愦愦于衷，勿朦朦于志。

**译文**

你现在差不多二十岁了，然而胆小懦怯，无所作为，对于世事一点也不懂。我为你深深感到忧虑。一个堂堂六尺男子汉，屹立于天地之间，不像善飞的鸟那样张起翅膀奋发雄飞，而让大好时光白白流逝，贪图安逸生活，不受教诲，这与鸟兽有什么两样呢？将来长大，又怎么做人呢？千万不要使亲人为你而感到伤心和可怜，使厌恶你的人为你不成才而感到痛快。希望你兢兢业业，每天从早到晚都不懈怠。处理事情，要明白事物的道理，并从内心作出决断。

用钻木取火的方法取来的火，是很微弱的，但可以在太阳落下去后继续放出光明；挥动羽毛扇扇出的风，也是很小的，但在炎热的天气里也可以继自然风为人们解除闷热。某些东西虽然小，但用处大。作为万物之灵的人，难道不应当对任何事物都能胜任吗？学习要聚精会神，要足不出门，心无二用。境界要高，精神好像在千仞的高山之巅；胸怀要广，思想好像驰骋在八极之外。开发自己的思路，使它变得灵巧。写文章要辞藻富丽，犹如春天的花一样。处理事情，精神专一，不要忧虑它是不是会成个样子。做一件东西要全神贯注不要怕它成不成为自己所要做的器物。成功不成功还有自己所不能控制的客观条件，但只要尽了自己的主观力量就不愧于父母妻子了。遵照上面所讲的做，就终身不会堕落。希望你勉励自己，把我的话作为自己的箴言。切不要心中糊涂不清，志向朦胧不明。

## |家风故事|

### 《七发》：内无妄思，外无妄动

《七发》是汉代辞赋家枚乘的赋作。这是一篇讽谕性作品，赋中假设楚太子有病，吴客前去探望，通过互相问答，构成七大段文字。吴客认为楚太子的病因在于贪欲过度，享乐无时，不是一般的用药和针灸可以治愈的，只能"以要言妙道说而去也"。于是分别描述音乐、饮食、乘车、游宴、田猎、观涛等六件事的乐趣，一步步诱导太子改变生活方式；最后要向太子引见"方术之士"，"论天下之精微，理万物之是非"，太子乃霍然而愈。作品主旨在于劝诫贵族子弟不要过分沉溺于安逸享乐，表达了作者对贵族集团腐朽纵欲的不满。此赋是汉大赋的发端之作，对后世影响很大，它以主客问答的形式，连写七件事的结构方式，为后世所沿习，并形成赋中的"七体"。

## 现代启示

习近平总书记在 2022 年春季学期中央党校（国家行政学院）中青年干部培训班开班式上发表重要讲话强调，要守住拒腐防变防线，最紧要的是守住内心，从小事小节上守起，正心明道、怀德自重，勤掸"思想尘"、多思"贪欲害"、常破"心中贼"，以内无妄思保证外无妄动。"内无妄思，外无妄动"出自南宋理学家朱熹与其弟子问答的语录汇编《朱子语类》卷十二《学六·持守》，问："敬何以用工？"曰："只是内无妄思，外无妄动。"有学生问朱熹该如何在"敬"上下功夫，朱熹的回答是要想做到"敬"，最重要的就是两点：在内，是要做到不妄思，也就是不要产生那些荒谬的、不合理的、非分的想法；在外，是要做到不妄动，也就是不要有那些荒谬的、不合理的、非分的行动。"内无妄思"从根本上说必须筑牢理想信念根基，树立不负人民的国家情怀，追求高尚纯粹的思想境界，为党和人民的事业拼搏奉献。这是拒腐防变的内在要求，也是最本质最坚固的思想防线。对一个有着 9800 多万名党员的世界第一大马克思主义执政党而言，解决好党员干部世界观、人生观、价值观这个"总开关"问题，使广大党员自觉淬炼思想，洗礼精神，正心修身、以政为德，才能逐步实现从不敢腐、不能腐向不想腐的境界提升，进而形成"干部清正、政府清廉、政治清明、社会清朗"的大格局。

## 85.杨继盛《父椒山喻应尾应箕两儿》：人须要立志

**▌典故出处▐**

### 明·杨继盛《父椒山喻应尾应箕两儿》

　　人须要立志。初时立志为君子，后来多有变为小人的。若初时不先立下一个定志，则中无定向，便无所不为。便为天下之小人，众人皆贱恶你。你发愤立志，要做个君子，则不拘做官不做官，人人都敬重你。故我要你，第一先立起志气来。心为人一身之主，如树之根，如果之蒂，最不可先坏了心。心里若存天理，存公道，行出来，便都是好事，便是君子这边的人。心里若存的是人欲，是私意，虽欲行好事，也有始无终。虽欲外面做好人，也被人看破。如根衰则树枯，蒂坏则果落。故要你休把心坏了

**▌译文▐**

　　人一定要立定志向。开始的时候立志要做君子的人，后来也有很多变成小人的。如果开始时不先立下一个确定的志向，心里头就没有确定的方向，就会失了约束无所不做。这样就会为天下的小人，大家都会鄙夷你、厌恶你。你要是发愤立志，成为一个真正的君子，那就不论做官还是不做官，人人都会尊敬爱重你。所以我要求你首先要树立起志气来。心术是一个人的核心，就像树的根系、像果实的蒂一样，所以人最不可以先坏了心术。一个人心中如果存着天理，存着公道，他做出来的就都是好事，他就是属于君子一类

的人。如果心中存着的是人欲，是私念，那就算是想做好事，也会有始无终；就算是想在表面上做个好人，也会被人看穿。这就好比根如果衰弱了树就会枯萎，蒂坏了果实就会脱落。所以我要求你不要坏了心术。

## ▍家风故事▍

### "大明第一硬汉"杨继盛的故事

杨继盛，字仲芳，号椒山，直隶容城（今属河北省保定）人氏。明武宗正德十一年五月十七日（1516 年 6 月 16 日）辰时生于直隶容城县（今河北容城县）一个世代耕读之家。嘉靖进士，官史部主事、兵部员外郎。因上书《请罢马市疏》，弹劾大将军仇鸾误国，被贬为狄道（今甘肃临洮县）典史。兴学，疏河，开煤矿，传授纺织术，深受民众爱戴。不久再被起用，任兵部员外郎。嘉靖三十二年（1553 年），上疏力劾奸相严嵩"五奸十大罪"，遭诬陷，下狱受酷刑，被誉为"大明第一硬汉"的杨继盛，铁骨铮铮，忠肝义胆，大义凛然，慷慨赴死，于嘉靖三十四年（1555 年）十月三十日被杀，终年三十九岁。受刑前气定神闲，一丝不苟地赶写了给妻儿的两封遗书：《愚夫喻贤妻张贞》（写给妻子）和《父椒山喻应尾应箕两儿》（写给两个儿子）。明穆宗时以杨继盛为直谏诸臣之首，追赠太常少卿，谥号"忠愍"，世称"杨忠愍"。邑人以其故宅改庙以奉，尊为城隍。杨公有千古名联"铁肩担道义，辣手著文章"和《椒山家训》传世。

## ▍现代启示▍

理想决定方向，志向决定命运。对于年轻人而言，立志始终是第一等重要的事情。未来是从梦想起步的，人生是从抱负启航的。

古人云："人惟患无志，有志无有不成者"，"志不立，天下无可成之事"，"人无志，非人也"，"胸有凌云志，无高不可攀"，"志不强者智不达"，等等，说的都是志向之重要。习近平总书记说，没有脊椎，人是站不起来的；没有理想信念，人的精神世界就会坍塌，青年一代有梦想，有担当，国家就有前途。

志向很重要，而立什么志和怎么立志同等重要。人必须志存高远，心系大事，"要立志做大事，不要立志做大官"。年轻人要立长志，不可以常立志；而现实中，有的年轻人今天立志做这个，明天立志做那个，朝三暮四、见异思迁，特别是一遇到挫折和困难，便改弦更张、另起炉灶；还有的一上路就想飞，不想从零做起，更不想从小事做起，一起步就想一鸣惊人，眼高手低、好高骛远。年轻人立志切忌不切实际，要既尽力而为，又量力而行。作为新时代的年轻人，要筑牢精神支柱，做理想坚定的"新青年"，把职位晋升、家庭幸福等个人成功的"小"理想，统一到为人民谋幸福、为民族谋复兴的"大"志向上来，担起千钧重任，堪当复兴大任，多积尺寸之功，多做脚踏实地之事，认认真真干好眼前的每一项工作，厚植基层，久久为功，在新时代新征程中作出自己的贡献。

# 86.姚舜牧《药言》：第一品格是读书

典故出处

## 明·姚舜牧《药言》

人须各务一职业，第一品格是读书，第一本等是务农，此外为工为商，皆可以治生，可以定志，终身可免于祸患。惟游手放闲，便要走到非僻处所去，自罹于法网，大是可畏。劝我后人毋为游手，毋交游手，毋收养游手之徒。

## 译文

每个人都必须从事一种职业，第一等最有品格的职业是读书，第一等最固本的职业是务农，此外是做工匠和经商，这些职业都能够解决生计问题，都可以实现志向，都能使人终身免祸。只有那些游手好闲的人，一定要到错误和怪僻的地方去自投法网，非常可怕。劝告我的后代，不要交接游手好闲的人，不要收养游手好闲之徒。

## 家风故事

### 范仲淹划粥割齑的故事

划粥割齑，指粥冻结后把粥划成若干块、咸菜切成碎末一起食用。北宋文学大家范仲淹自幼研学刻苦。他曾到睢阳应天府书院读书，读书期间生活极其窘迫，为了生计，每天只煮一锅稠粥，凉了

287

以后划成四块，早晚各取两块，和切成细末的咸菜一起吃，吃完继续攻读诗书。古文为："日作粥一器，分四块，早暮取二块，断齑数茎，入少盐以啖之。如是者三年。"宋真宗大中祥符八年（1015年）三月，范仲淹金榜题名，考中进士。不久，被任命为广德军（今安徽广德）司理参军，负责刑狱方面的事务。范仲淹在司理参军任内，虽生活上有困难，但绝无以权谋私之举，他对自己的职责慎之又慎，对自己的清誉慎之又慎。范仲淹后来官至参知政事，主持变法，权力很大，但廉洁奉公不改。《宋史》云："其后虽贵，非宾客不重肉。妻子衣食，仅能自充。"后世之人，不仅吟诵着他在《岳阳楼记》里的"先天下之忧而忧，后天下之乐而乐"警世名句，而且景仰他一生的廉俭，称颂他是"大忠伟节，前不愧于古人，后可师于来者"。

## 现代启示

学习是提高党员干部思想素养、知识能力和增强理论思维的前提和基础，也是加强党性修养的必要环节。要真正做到学有所得、学有所成，首先要正确把握学习的方向，增加理论渗透的力度。习近平总书记曾谈道，书本上的东西是别人的，要把它变为自己的，离不开思考；书本上的知识是死的，要把它变为活的，为我所用，同样离不开思考。读书学习的过程，实际上是一个不断思考认知的过程。思考可以说是阅读的深化，是认知的一个必然，是把书读活的一个关键。学而不思则罔，思而不学则殆。学思用贯通、知信行统一是学习的必然要求，必须要坚持读书和运用的结合，倡导理论联系实际的学风。当年毛泽东同志就曾经说过，"读书是学习，使用也是学习，而且是更重要的学习"。时间就像海绵里的水，多挤一点时间用于学习思考，减少一些无谓的应酬和形式主义的东西，尽量发扬钉钉子精神，这样才能使思想不庸俗化。读书是一个长期的需要付出辛劳的过程，不能心浮气躁、浅尝辄止，而应当先易后难、由浅入深，循序渐进、水滴石穿。

# 87. 于谦《石灰吟》：粉骨碎身浑不怕，要留清白在人间

## 典故出处

### 明·于谦《石灰吟》

千锤万凿出深山，烈火焚烧若等闲。

粉骨碎身浑不怕，要留清白在人间。

## 译文

石灰石只有经过千万次锤打才能从深山里开采出来，

它把熊熊烈火的焚烧当作很平常的一件事。

即使粉身碎骨也毫不惧怕，

甘愿把一身清白留在人世间。

## 家风故事

### 于谦：清风两袖朝天去

明朝有一位著名的民族英雄和诗人，名叫于谦。他曾先后担任过监察御史、巡抚、兵部尚书等职。于谦作风廉洁，为人耿直。于谦生活的那个时代，朝政腐败，贪污成风，贿赂公行。当时各地官僚进京朝见帝，都要从本地老百姓那里搜刮许多的土特产品，诸如绢帕、蘑菇、线香等献给朝中权贵。

明朝正统年间，宦官王振以权谋私，每逢朝会，各地官僚为了

讨好他，多献以珠宝白银，巡抚于谦每次进京奏事，总是不带任何礼品。他的同僚劝他说："你虽然不献金宝、攀求权贵，也应该带一些著名的土特产如线香、蘑菇、手帕等物，送点人情呀！"于谦笑着举起两袖风趣地说："带有清风！"以示对那些阿谀奉承之贪官的嘲弄。随后他还特意写了一首诗《入京诗》："绢帕蘑菇与线香，本资民用反为殃；清风两袖朝天去，免得闾阎话短长。"于谦后来在最高统治者争权夺位的斗争中被杀害，死后人们发现他果然家贫如洗，真是廉洁自律的好官。

## ▎现代启示▎

作风优良才能取信于民。党的作风问题，就是党的形象问题，作风不硬，形象就好不了，就必然脱离群众、脱离实际。我们每名党员干部都要大力弘扬求真务实的作风、密切联系群众的作风、艰苦奋斗的作风和清正廉洁的作风，自觉地贴近群众、贴近基层、贴近实际，坚决防止图形式、走过场、摆架子，以党员干部转变作风的实际成效取信于民。对党员干部个人来说，廉洁是幸福的源头。只有廉洁才能保全自己，幸福才能有所依附和承载。如果连自己的自由甚至生命都无法保全，事业、家庭、生活、精神、人格都必将失去，本该拥有的幸福就此烟消云散。党员干部一定要时刻保持清正廉洁，节制欲望，接受监督，始终保持勤政廉洁务实的政治本色。

## 88. 顾炎武《日知录》：保天下者，匹夫之贱与有责焉耳矣

**典故出处**

### 明末清初·顾炎武《日知录》

"有亡国，有亡天下。亡国与亡天下奚辨？"曰："易姓改号，谓之亡国；仁义充塞，而至于率兽食人，人将相食，谓之亡天下。是故知保天下，然后知保其国。保国者，其君其臣肉食者谋之；保天下者，匹夫之贱与有责焉耳矣。"

**译文**

"亡国"与"亡天下"是两个不同的概念。"亡国"是指改朝换代，换个皇帝、国号。而仁义道德得不到发扬光大，统治者虐害人民，人民之间也纷争不断，是天下将灭亡。保国这类事只需由王帝及大臣和掌握权力的人去谋划。但是"天下"的兴亡，则是低微的百姓也有责任。

**家风故事**

### 黄旭华的故事：干惊天动地事，做隐姓埋名人

黄旭华是我国第一代核潜艇总设计师，甘愿选择"干惊天动地事，做隐姓埋名人"。为了研制核潜艇，他远离家乡、荒岛求索，深藏功名三十载；他从不服输，坚持"头拱地、脚朝天，也要

把核潜艇搞出来"。直到科研成功、"消失"30年后,黄旭华才见到九十三岁的母亲。"对国家的忠,就是对母亲最大的孝",他一直用这句话来支撑自己。"此生属于祖国,此生无怨无悔",黄旭华的人生,是一尘不染、纯粹纯洁的人生,也是攻坚克难、勇攀高峰的人生。

## 现代启示

中华民族传统文化蕴含着的以身许国的爱国主义精神,是中华民族不畏艰难险阻,不断铸就辉煌的精神力量。我们要从中华民族悠久的历史和灿烂的文化中汲取营养和智慧,自觉延续文化基因,不断增强民族自尊心、自信心和自豪感。要坚守正道、弘扬大道,树立和坚持正确的历史观、民族观、国家观、文化观,不断增强中华民族的归属感、认同感、尊严感、荣誉感。习近平总书记指出:"好干部必须有责任重于泰山的意识,对工作任劳任怨、尽心竭力、善始善终、善作善成。"责任不是空洞的、抽象的,而是具体的、实在的,一言一行,一岗一位,都能见责任、见担当,责任在于担当。担当,是一种态度,也是一种行动。在不同的领域、不同的视角下,担当有不同的诠释。"一人做事一人当",是老百姓对担当直观的表达;"天下兴亡,匹夫有责",是仁人志士丹心报国的担当誓言;"穷且益坚,不坠青云之志",是有志者身处困境洁身自好的担当意念;"为官一任,造福一方",就应该是一个党员干部的担当承诺。当前,我们处于改革攻坚期、社会转型期、矛盾凸显期,更需要广大党员干部敢于担当、迎难而上、积极作为。

# 89. 朱柏庐《治家格言》：一粥一饭，当思来处不易；半丝半缕，恒念物力维艰

## 清·朱柏庐《治家格言》

黎明即起，洒扫庭除，要内外整洁，既昏便息，关锁门户，必亲自检点。

一粥一饭，当思来处不易；半丝半缕，恒念物力维艰。

宜未雨而绸缪，毋临渴而掘井。自奉必须俭约，宴客切勿流连。

器具质而洁，瓦缶胜金玉；饮食约而精，园蔬愈珍馐。

勿营华屋，勿谋良田，三姑六婆，实淫盗之媒；婢美妾娇，非闺房之福。奴仆勿用俊美，妻妾切忌艳妆。

祖宗虽远，祭祀不可不诚；子孙虽愚，经书不可不读。

居身务期质朴，教子要有义方。

勿贪意外之财，勿饮过量之酒。

与肩挑贸易，毋占便宜；见贫苦亲邻，须加温恤。

刻薄成家，理无久享；伦常乖舛，立见消亡。

兄弟叔侄，须分多润寡；长幼内外，宜法肃辞严。

听妇言，乖骨肉，岂是丈夫？重资财，薄父母，不成人子。

嫁女择佳婿，毋索重聘；娶媳求淑女，勿计厚奁。

见富贵而生谄容者，最可耻；遇贫穷而作骄态者，贱莫甚。

居家戒争讼，讼则终凶；处世戒多言，言多必失。

勿恃势力而凌逼孤寡，毋贪口腹而恣杀生禽。

乖僻自是，悔误必多；颓惰自甘，家道难成。

狎昵恶少，久必受其累；屈志老成，急则可相依。

轻听发言，安知非人之谮诉，当忍耐三思；

因事相争，焉知非我之不是，须平心暗想。

施惠勿念，受恩莫忘。

凡事当留余地，得意不宜再往。

人有喜庆，不可生妒忌心；人有祸患，不可生喜幸心。

善欲人见，不是真善；恶恐人知，便是大恶。

见色而起淫心，报在妻女；匿怨而用暗箭，祸延子孙。

家门和顺，虽饔飧不济，亦有余欢；

国课早完，即囊橐无余，自得至乐。

读书志在圣贤，非徒科第；为官心存君国，岂计身家。

守分安命，顺时听天；为人若此，庶乎近焉。

## ▌家风故事▐

### 周恩来为修缮西花厅自我批评

1960 年的一天，周恩来总理罕见地对秘书何谦发起了火。而让总理发脾气的原因，正是何谦未经总理允许，擅自修缮了总理的住所——西花厅。新中国成立以后，周恩来一直在中南海西花厅内工作和生活。这个长方形的四进庭院建于清朝末年，曾是溥仪父亲居住的花厅。陈旧、阴暗、潮湿，夏天青砖地上常泛出一层白色的碱花，屋内木头也有些腐朽了，梁柱上的漆皮剥落得厉害，这就是总理的住所。时间久了，秘书何谦也看得十分心疼，屡次劝总理将西花厅适当修缮一番，但都被回绝了。

1960 年初，周恩来赴广东出差两个月，正好那段时间邓颖超也没在北京，何谦趁此机会对西花厅做一些维修，在潮湿的青砖上铺上木地板、封严漏风的窗户、更换发霉的旧地毯及旧灯具、将已经破了的白布窗帘换成较厚的呢子窗帘……谁知周恩来视察归来，还没踏进屋门，就发现了这些变化，于是便有了大发雷霆的一幕。

后来，在周恩来的坚持下，工作人员把西花厅的地毯、灯具、窗帘等能够挪动的东西全部搬走。已经修缮好的地板、窗户，再换的话，又是一笔费用。周恩来只好让秘书算账，换过的东西他要个人付款，绝不用国家的钱。他说："国家现在这么困难，各方面建设都需要资金，怎么能用公款为我家里装修，这是不能允许、不能容忍的。"等西花厅恢复了旧貌，周恩来才进了家门。事后，他一直对此事耿耿于怀，多次在国务院办公会议上检讨自己，并教导秘书说："我身为总理，带一个好头，影响一大片；带一个坏头，也要影响一大片。你们花那么多钱，把我的房子搞得那么好……这样一级学一级发展下去怎么得了？"

**| 现代启示 |**

勤俭清廉是共产党人为官从政的底色，是干事创业的基石，是传承至今的基因。共产党员要正确处理廉与贪、俭与奢、勤与逸的关系，时时以身作则，言行一致，甘当人民的公仆，要急百姓所急，想百姓所想，为群众办实事，解难题，永葆共产党员的本色。在这方面，周恩来同志为我们作出了表率、树立了榜样。从"不准装修"这一件小事，我们可以看到周恩来严以律己、以身作则、率先垂范的党性修养和政治觉悟，作为老一辈资产阶级革命家，周总理时时以坚定的党性修养为盾，践行立党为公、执政为民，这种清正廉洁、不搞特殊的作风，值得广大党员干部尤其是领导干部深刻反思和认真学习。公生明，廉生威。自古以来得人心者得天下，廉政清正与否，关系到人心向背，关系到政权的兴衰成败。作为党员干部，要学会克制欲念、战胜欲望，用坚强的理想信念，自觉淬炼党性、净化心灵、践行初心使命、保持政治定力，自重自警自省自律，慎独慎微慎始慎终，清清白白做人，认认真真做事，永远保持清正廉洁的政治本色。

## 90.张英《家书》：让他三尺又何妨

## 典故出处

### 清·张英《家书》

千里家书只为墙，让他三尺又何妨。

万里长城今犹在，不见当年秦始皇。

## 译文

千里寄信而来只是因为墙，让他三尺又有什么关系。

万里长城如今仍在，可是再也看不到当年的秦始皇了。

## 家风故事

### "六尺巷"的故事

张英（1637—1708 年），字敦复，又字梦敦，号乐圃，又号倦圃翁，安徽省桐城人，先祖世居江西。清朝大臣张廷玉之父。康熙六年进士，选庶吉士，累官至文华殿大学士兼礼部尚书。六尺巷，位于安徽省桐城市的西南一隅，全长 100 米、宽 2 米，建成于清朝康熙年间，巷道两端立石牌坊，牌坊上刻着"礼让"二字。史料记载：张文瑞公居宅旁有隙地，与吴氏邻，吴氏越用之。家人驰书于都，公批书于后寄归。家人得书，上书"千里家书只为墙，让他三尺又何妨。万里长城今犹存，不见当年秦始皇"。遂撤让三尺，故六尺巷遂以为名焉。

## ▎现代启示▎

海纳百川，有容乃大。从古至今，凡成就大业的人，必然有一颗宽容之心。齐桓公与管仲曾是政敌、仇人，管仲甚至为帮助齐桓公的弟弟射杀齐桓公，但齐桓公上位后，不计前嫌，重用管仲，治理国家，成为春秋五霸之一。魏征原是李建成的主要谋士，曾献策除掉李世民，"玄武门之变"后，李世民见魏征性格刚直，才识超越，任命他为谏议大夫。魏征病死，李世民十分悲痛说："以铜为镜，可以正衣冠；以史为镜，可以知兴替；以人为镜，可以明是非。魏征一死，我失去了一面镜子。"正是因为李世民的包容胸怀，才有了"贞观之治"。因此，为人处世要宽容厚道，对生活要积极乐观，对工作要锐意进取，对同事要和睦相处，对得失要宠辱不惊。做到持节、厚仁、贵和，而不是遇挫怨天尤人、遇事斤斤计较。古人云："进一步寸步难行，退一步海阔天空"，说的也就是这个道理。

## 典故出处

### 清·郑燮《潍县署中画竹呈年伯包大中丞括》

衙斋卧听萧萧竹，疑是民间疾苦声；

些小吾曹州县吏，一枝一叶总关情。

## 译文

在衙门里休息的时候，听见竹叶萧萧作响，仿佛听见了百姓啼饥号寒的怨声。

我们虽然只是州县里的小官吏，但百姓的每一件小事都在牵动着我们的感情。

## 家风故事

### 郑板桥的遗言: 自己的事情自己干

郑板桥，清代著名大画家、"扬州八怪"之一，曾在山东范县、潍县做过 12 年知县。为官期间，他不但在勤政爱民方面政绩卓著，在廉洁自律方面也堪称楷模。郑板桥出身贫寒，所以能理解贫苦人的艰辛，从来不以富贵贫贱论人。当他还是个秀才的时候，偶尔翻检家中的旧书箱，见到家中佣人的前辈所签的卖身契据等，就马上拿去烧掉。他决不还给佣人本人，或者自己仔细看看契据的内容，就是怕佣人知道了感到难堪。郑板桥长大后，自己当了家，在雇用佣人的时候，从来不要求对方和自己立契约。佣人自己如果觉得合适，就留下；如果不满意，就自由离去。郑板桥的用意，是不想让后世子孙借此逼勒、苛求家中的佣人。做人厚道，怜悯弱者，是郑板桥的家风。五十二岁时，郑板桥老来得子，对其家教甚严，从不溺爱。七十二岁，郑板桥临终之时，对其少子难以放心，把儿子叫到床前，说想吃儿子亲手做的馒头。父命难违，时年二十一岁的儿子只得勉强答应。可他从未做过馒头，请教了邻家大娘后，费了九牛二虎之力，终于做好了馒头，喜滋滋地送到父亲床前，谁知父亲早已断气。案头上有张信笺，上面写着父亲的遗言："流自己的汗，吃自己的饭，自己的事情自己干。靠天，靠地，靠祖宗，不算是好汉。"

## 现代启示

人民立场是我们党的根本政治立场，群众路线是我们党的生命线。坚持走群众路线，是我党的执政之基、立党之本，只有植根人民、造福人民，党才能始终立于不败之地。我们要牢记共产党人的性质宗旨，践行共产党人的初心使命，厚植人民情怀，始终保持党同人民群众的血肉联系，时刻把人民群众放在心中第一位置，把满足人民群众对美好生活的向往作为工作的出发点和落脚点，坚持以人民为中心的发展思想，始终做到"心中有基层、心里有群众"，切实增强人民群众的获得感、幸福感、安全感。共产党人的初心就是为人民谋幸福。守初心，就是要牢记全心全意为人民服务的根本宗旨，以坚定的理想信念坚守初心，牢记人民对美好生活的向往就是我们的奋斗目标；以真挚的人民情怀滋养初心，时刻不忘我们党来自人民、根植人民，人民群众的支持和拥护是我们胜利前进的不竭力量源泉；以牢固的公仆意识践行初心，永远铭记人民是共产党人的衣食父母，永远不能脱离群众、轻视群众、漠视群众。"参天之木，必有其根；怀山之水，必有其源"。唯有时刻不忘为了谁、依靠谁、我是谁，真正同人民结合起来，才能凝聚起万众一心、干事创业的强大力量。

## 92.彭端淑《为学一首示子侄》：为之则易，不为则难

### 典故出处

## 清·彭端淑《为学一首示子侄》

天下事有难易乎？为之，则难者亦易矣；不为，则易者亦难矣。人之为学有难易乎？学之，则难者亦易矣；不学，则易者亦难矣。

吾资之昏，不逮人也，吾材之庸，不逮人也；旦旦而学之，久而不怠焉，迄乎成，而亦不知其昏与庸也。吾资之聪，倍人也，吾材之敏，倍人也；屏弃而不用，其与昏与庸无以异也。圣人之道，卒于鲁也传之。然则昏庸聪敏之用，岂有常哉？

蜀之鄙有二僧：其一贫，其一富。贫者语于富者曰："吾欲之南海，何如？"富者曰："子何恃而往？"曰："吾一瓶一钵足矣。"富者曰："吾数年来欲买舟而下，犹未能也。子何恃而往！"越明年，贫者自南海还，以告富者，富者有惭色。

西蜀之去南海，不知几千里也，僧富者不能至而贫者至焉。人之立志，顾不如蜀鄙之僧哉？是故聪与敏，可恃而不可恃也；自恃其聪与敏而不学者，自败者也。昏与庸，可限而不可限也；不自限其昏与庸，而力学不倦者，自力者也。

### 译文

天下的事情有困难和容易的区别吗？只要肯做，那么困难的事情也变得容易了；如果不做，那么容易的事情也变得困难了。人们

做学问有困难和容易的区别吗？只要肯学，那么困难的学问也变得容易了；如果不学，那么容易的学问也变得困难了。

我天资愚笨，赶不上别人；我才能平庸，赶不上别人。我每天持之以恒地提高自己，等到学成了，也就不知道自己愚笨与平庸了。我天资聪明，超过别人；能力也超过别人，却不努力去发挥，即与普通人无异。孔子的学问最终是靠不怎么聪明的曾参传下来的。如此看来聪明愚笨，难道是一成不变的吗？

四川边境有两个和尚，其中一个贫穷，其中一个富裕。穷和尚对有钱的和尚说："我想要到南海去，你看怎么样？"富和尚说："您凭借着什么去呢？"穷和尚说："我只需要一个盛水的水瓶和一个盛饭的饭碗就足够了。"富和尚说："我几年来想要雇船沿着长江下游而（去南海），尚且没有成功。你凭借着什么去！"到了第二年，穷和尚从南海回来了，把到过南海的这件事告诉富和尚。富和尚的脸上露出了惭愧的神情。

四川距离南海，不知道有几千里路，富和尚不能到达，可是穷和尚到达了。一个人立志求学，难道还不如四川边境的那个穷和尚吗？因此，聪明与敏捷，可以依靠但也不可以依靠；自己依靠着聪明与敏捷而不努力学习的人，是自己毁了自己。愚笨和平庸，可以限制又不可以限制；不被自己的愚笨平庸所局限而努力不倦地学习的人，是靠自己努力学成的。

## 家风故事

### 徐特立：活到老，学到老，改造到老

人民教育家徐特立是中共党内"活到老，学到老，改造到老"的典范。他的一生走过了一条由苦难到辉煌的道路，先后经历晚清、北洋政府、国民党统治和新中国等不同时期。在漫长的救国之

路中，徐特立先后前往日本、法国、德国、比利时、苏联学习或考察教育。他饱经忧患、不断求索，为真理而斗争，从一个民主主义者成长为坚定的共产主义革命家。徐特立学识渊博，却时刻以为不足，总是以一种时不我待、只争朝夕的精神投入到读书学习之中，并随着时代步伐不断前进，最终成为全党同志学习的榜样。

加入中国共产党以后，徐特立参加了南昌起义，1928年被派往苏联莫斯科中山大学学习。在莫斯科读书期间，徐特立刻苦钻研俄文、马克思主义理论等。回国后，徐特立长期领导教育工作。1934年10月，五十七岁的徐特立参加了二万五千里长征。长征路上，他依然不忘教育工作，抓住各种机会，教授战士们学习文化。行军时，徐特立要求战士们在背包上、草帽上、斗笠上写上字，边走边教边学，而且每天只教一两个字，要求战士们先学会念，然后会写会用。有些战士嫌每天学得太少，徐特立耐心地说道："一天学会一个字，一年就会365个字；学会两个字，一年就会730个字""只要坚持，用不了半年，不但可以写标语口号，还能写信"。

新中国成立以后，徐特立依然保持革命年代的工作劲头和学习状态，"每天坚持8小时工作制，开会、作报告、写文章，忙个不停""孜孜不倦地批阅和草拟文件，翻阅的文件资料往往是几种以至数十种，严肃谨慎，一丝不苟"。为了鞭策自己，七十二岁的徐特立还制订了一个20年的学习与工作计划。虽然学识渊博，但他总是和以前一样虚怀若谷、废寝忘食，对任何事物都有一种从头学起的精神。

在其波澜壮阔的人生经历中，不论从事什么工作，徐特立总是以一种兢兢业业的态度学习，从不满足和停顿。毛泽东赞扬他"懂得很多而时刻以为不足"，中共中央评价他"对自己是学而不厌""对别人是诲人不倦""是全党同志和全国人民的骄傲"。徐特立这种谦虚认真、勤勉好学、时不我待的读书精神，值得后人永远学习。

## 现代启示

马克思有句名言："一个行动胜过一打纲领。"反对空谈阔论，强调真抓实干是中国共产党的优良传统。习近平总书记反复强调"空谈误国、实干兴邦"，指出："要牢记空谈误国、实干兴邦的道理，坚持知行合一、真抓实干，做实干家。"对于党员干部来讲，坚持知行合一、真抓实干，既是成事之基，也是成长之道。俗话说，人在事上练，刀在石上磨。要想成长为一名成熟的领导干部，没有什么捷径可走，必须经历足够时间的磨炼，经风雨、见世面才能壮筋骨、长才干。做到知行合一、真抓实干，首先要有敢于担当的境界。敢于担当，既是政治品格，也是从政本分。能否敢于负责、勇于担当，最能看出一个干部的党性和作风。所谓"大事难事看担当"，具体讲就是，面对大是大非敢于亮剑，面对矛盾敢于迎难而上，面对危机敢于挺身而出，面对失误敢于承担责任，面对歪风邪气敢于坚决斗争，这才是堪当重任的好干部。年轻干部大多承担着具体事务，虽然级别、位置不一定很高，权力不是很大，但站位一定要高，境界一定要高。要保持强烈的进取心，能够沉下心来干工作，心无旁骛钻业务，争取干一行、爱一行、精一行，提高敢于担当的本领，保证在关键时刻，能够顶得住，扛得了重活，打得了硬仗。

## 93.张师载《课子随笔节钞》：正惟一子，不敢纵尔

**典故出处**

### 清·张师载《课子随笔节钞》

玉不琢，不成器。凡生子不论多寡，有数子者，则数子个个要教训。只一子者，则一子要加倍教训。盖数子中，一子不良，尚有他子可望。只一子者，子不良，无复望矣。昔刘居正课子挚甚其严。或谓曰："君只一子，独不加恤耶？"答曰："正惟一子，不敢纵尔。"后挚官至尚书仆射，以忠义闻。

**译文**

如果玉不雕琢，就不能制成器物。如果只有一个孩子，则这个孩子更要加倍地教育，因为有好几个孩子，这一个不争气，还可以指望另一个，只有一个孩子，又不争气，那还能指望谁呢？过去刘居正督促儿子刘挚非常严格，有人对他说："您只有这一个儿子，为何还不多加疼爱？"刘居正回答："正因为我只有一个独生子，才不敢放松。"后来，刘挚做了大官，并以忠义的品德闻名。

**家风故事**

### 八旗子弟从享乐走向衰亡的故事

清代有八旗制度，这是清代得以发展的原因。每当需要打仗

时，已经到了兵役年龄的年轻人就可以立即组成军队作战，效率很高。八旗制度与清朝的命运息息相关。

"八旗"最初源于满洲女真人的狩猎组织，是清代旗人的一种生活和军事的组织形式。明万历二十九年（1601年），努尔哈赤整顿编制，编成四旗。万历四十三年（1615年），又增设另外四旗，八旗制度正式确立。八旗制度保证了清军能够战时为兵，闲时为民，极大地提高了军队战斗力。1644年，清军入关，在对抗明朝军队和李自成农民起义军的战斗中，八旗体现了非常高的战斗力，一路势如破竹，为清朝统一全国立下了汗马功劳。清朝建立后的八旗子弟们，也因为功劳，受到了非常优厚的褒奖。但是恃宠而骄的八旗子弟在天下太平后渐渐走向了颓废。清初，清政府大肆进行"圈地"活动，将全国的良田都划归给旗人，同时还免除了旗人的徭役和赋税。这样优厚的政策，也让这些曾经横刀立马的八旗子弟渐渐陷入了无忧无虑的享乐生活中，骑射荒废，战斗力迅速下降。等到清朝中期，八旗子弟彻底成为骄奢淫逸的代名词。八旗的贵公子们享受着祖先功劳和贵族血统的福荫，同时因为清政府规定旗人不准务农、经商和做工，百无聊赖的八旗子弟就开始了提笼架鸟、听戏打牌、斗蟋蟀、玩乐器的生活方式，终日游手好闲。

"八旗兵"入关前曾是"威如雷霆、动如风发"的精锐之师，入关后不过百余年，便"三五成群，手提鸟笼雀架，四处闲游，甚或相聚赌博"，变得不堪一击。"打天下"时励精图治，能征善战、所向披靡；"坐江山"时贪图享乐，刀枪入库、马放南山，最终自己打败自己。

## 现代启示

人而无德，行之不远。清廉失守，家中必百病丛生，不以"廉"持家，家道必邪气满盈。没有良好的道德品质和思想修养，即使有

307

丰富的知识、高深的学问，也难成大器。党员干部要想行得端、走得正，就必须涵养道德操守，以道德力量赢得民心、赢得事业成就。家庭是党员干部的立身之本，家庭环境连着从政环境，"家德"折射"官德"，事实也表明，许多干部的堕落沉沦就是从家庭道德的缺失开始的，很多违纪违法行为都具有家庭属性。例如，党中央通报的周永康、令计划等人不以法规约束家人，而以亲情代替纪律，以宽容代替关爱，对子女及亲属百般溺爱，毫无原则，搞"一人得道、鸡犬升天"，结果既害了自己，也毁了家人。从党的十八大以来查处的领导干部违纪违法案件和问题看，超过六成涉及亲属。有的对亲属失察失管，让"枕边风"成为贪腐的导火索，没有经受住亲情的考验；有的纵容包庇妻子儿女，对他们的违纪违法行为睁一只眼闭一只眼，甚至利用手中权力"捞人""救火"，阻挠干预执法；有的对家人平时不注重思想引导和提醒，使其防范意识和警惕性不高，结果被一些别有用心之人走"夫人路线"，攻破了"后院"，教训发人深省。每一名党员干部都要吸取前车之鉴，克服"法外人""特殊人"思想，做到严肃家规、严爱相济、动遵法度。守住亲情关，管好身边人，严格家教家风，既要自己以身作则，又要对亲属子女看得紧一点、管得勤一点。

## 94. 纪晓岚《寄内子论教子书》：教子之金科玉律

**典故出处**

### 清·纪晓岚《寄内子论教子书》

父母同负教育子女责任，今我寄旅京华，义方之教，责在尔躬。而妇女心性，偏爱者多，殊不知，爱之不以其道，反足以害之焉。其道维何？约言之，有"四戒""四宜"。一戒晏起；二戒懒惰；三戒奢华；四戒骄傲。既守四戒，又须规以四宜：一宜勤读；二宜敬师；三宜爱众；四宜慎食。以上八则，为教子之金科玉律，尔宜铭诸肺腑，时时以之教诲三子，虽仅十六字，浑括无穷，尔宜细细领会，后辈之成功立业，尽在其中焉。

**译文**

父母共同负有教育子女的责任，现在我寄住在京城，教育子女做人正道的责任就落在你一个人的身上了。而做母亲的本性，多对子女有所偏爱，她们不知道偏爱而不讲原则，反而足以祸害自己的子女。那教育子女的原则是什么呢？大略说来有"四戒""四宜"：一戒晚起，二戒懒惰，三戒奢华，四戒骄傲；既要遵守四戒，又必须规定四宜，一宜勤苦读书，二宜尊敬老师，三宜爱护众人，四宜谨慎饮食。以上八条，是教子的不可变更的条例，你应该牢记在心，你时时用之教育三个孩子。虽然上述只十六个字，但它总括了无穷的意思，你要仔细领会。孩子们将来成功立业，都在这十六个字之中。信中不能谈到所有的方面，其余的事容后继续告知。

## 家风故事

### 纪晓岚的人生哲学："四戒""四宜""四莫"

纪昀（1724—1805年），字晓岚，又字春帆，号观弈道人，清代直隶河间府献县（今河北沧县崔尔庄）人，卒谥"文达"。乾隆十九年（1754年）考取进士，授翰林院编修，历任左庶子、兵部侍郎、左都御史、礼部侍郎、礼部尚书、协办大学士等职。纪晓岚有《阅微草堂笔记》《纪文达公遗集》等著作传世。纪晓岚一生为官清廉，先后多次担任乡试、会试主考官，为国家选拔、举荐大量人才，但始终坚持以真才实学为标准、严禁考生行贿送礼。纪晓岚去世后嘉庆帝亲笔题写墓志铭："敏而好学可为文，授之以政无不达。"

纪晓岚不仅官当得好，而且在家教上也很有见识，他在家书中对于子女有"四戒""四宜"的要求，除此之外，他在临终前还给子孙们留下了"四莫"遗训："贫莫断书香，富莫入盐行；贱莫做奴役，贵莫贪贿赃。"即使家境贫困，也不要让后代失学，不能放弃读书、放弃知识；即使富贵了，也不能为所欲为、做损人利己的事，特别是不能贪污受贿，要保持自己高尚的人格。这"四戒""四宜""四莫"凝聚了纪晓岚的人生哲学。语言虽质朴，却蕴藏深意。总而言之，纪晓岚一生，守正规直、勤勉治学、廉洁自律、书香传家，是一个让人敬仰的人。

## 现代启示

家风非小事，官德重于山。人的一生与家庭的关系最为密切，受家风熏陶和影响也非常深刻。干部廉洁与否，家庭成员的影响不可低估。好家风是官德操守的重要保障。家风与党风紧密相连，家风是党风的一面镜子。家风虽然不能代表领导干部工作和生活的全部，但它是一种标志，反映出一种境界、一种觉悟，会产生很强的社会效应。"风成于上，俗形于下"，家风建设虽有赖于家庭成员的共同努力，但上行下效是道德教育与养成的普遍规律。领导干部的官德修养在家风建设中始终居于主要地位，家风好不好，关键看领导干部自身官德这个"主心骨"硬不硬。好的家风是领导干部以身作则带出来的，而家风不正的始作俑者，往往也是领导干部本人。因此，领导干部正确处理从政与修身、修身与治家的辩证关系至关重要。我们党的许多优秀干部，始终把"做官先做人，万事民为先"作为自己的行为准则，带头树立良好家风。

家是最小国，国是千万家。家风正，则民风淳政风清。无数个家庭孕育培养良好的家风，全社会的风气才能不断向善向好。"绿我涓滴，会它千顷澄碧。"培塑良好家风、社风，党员领导干部理应带好头。要继承和弘扬中华优秀传统文化，赓续革命前辈的红色家风，把家风建设作为作风建设的重要内容，从自身做起，廉洁修身、廉洁齐家，严于律己，严格要求配偶、子女和身边工作人员，让自己和家人的一言一行经得起审视、成得了标杆。

## 95. 俞樾《舵》：只惜功多人不见，艰难唯有后人知

### 典故出处

**清·俞樾《舵》**

路当平处能持重，势到穷时妙转移；

只惜功多人不见，艰难唯有后人知。

### 译文

在风平浪静的水面上，舵能使船身持重平稳，到了水路阻隔时，它能巧妙地转向相通之处，如履坦途。

舵的作用是在水下发挥的，人们往往看不见，它的艰难程度只有船后的舵手才知晓。

### 家风故事

#### "最后一位朴学大师"的家风传承

俞樾（1821—1907年），字荫甫，自号曲园居士，浙江德清人。俞樾是清末著名学者，其治学领域十分广泛，以经学为主，对文学、经学、小学、书法、诗词无一不通，被尊为最后一位朴学大师。俞樾是一位教育家，他曾常年执教于东南各地的书院。同治七年（1868年），俞樾出任海内闻名的杭州诂经精舍山长（即书院院长）。俞樾在诂经精舍讲学时间长达三十余年，国学大师章太

炎、西泠印社首任社长吴昌硕都是他的弟子，可以说是弟子三千、一代宗师。俞樾家族的家风注重诗书传家、德厚流光，不重功名利禄。俞樾深受家风熏染，身体力行予以实践，特别关注对子孙的教育，悉心抚育了孙子俞陛云、重孙俞平伯。家风清廉，使他以廉爱立身、一身正气，赢得众人的爱戴与推崇。作为晚清的著名学者，俞樾不仅以经学成就名垂青史，也以旷达超脱的处世态度让人心生敬意。俞樾有诗云："薄官不能一朝留，清风可以百世祀。"在他的教育下，其后人均能延续祖德、不落窠臼，讲求诗书传家、德厚流光，体现了优秀家风家训传承的伟大力量。

## 现代启示

空谈误国，实干兴邦。邓小平曾说：世界上的事情都是干出来的，不干半点马列主义也没有。努力工作就不能懒懒散散、马马虎虎，为个人和小圈子利益着想，就要时刻做到勤政为民、清廉为公。党的性质、宗旨决定了我们一切的工作就是要勤政为民、清廉为公。实践证明，立党为公、执政为民是我们党的立党之本、执政之基、力量之源。"当官不为民做主，不如回家卖红薯"。人生在世，就要做事。为官掌权，更要造福一方、安定一方、发展一方。如何做事？首先要勤廉从政、奋发作为，以踏石留印、抓铁有痕的作风，以时不我待、寝食难安的责任感，努力完成党和人民赋予的使命。当前，我们已经开启第二个百年奋斗目标的新征程，中国也日益走近世界舞台中央，新时代的共产党人必须发扬实干精神，不驰于空想、不骛于虚声，做到刚健有为、自强不息，对工作任劳任怨、尽心竭力、善始善终、善作善成，为初心和使命奋斗，为共产主义事业奋斗。

## 96.陈廷敬《诫子孙诗》：清贫耐得始求官

**▍典故出处▍**

### 清·陈廷敬《诫子孙诗》

岂因宝玉厌饥寒，愁病如予那自宽？

憔悴不堪清镜照，龙钟留与万人看。

囊如脱叶风前尽，枕伴栖乌夜未安。

凭寄吾宗诸子姓，清贫耐得始求官。

**▍译文▍**

怎么能见到宝玉就厌恶饥寒的生活，这使我忧愁多病的身体如何能够放心自宽？

连日忧戚烦恼的形容使我不忍用镜子来照，但我衰老年迈的样子却敢于留给千万人看！

虽然我的钱袋空如落叶可以随时随风飘去，如今枕边栖宿的乌鸦却整夜鸣叫让人彻夜不安。

因此，我想向我们家族的后代传达一个信息：只有他们能忍受清平的生活，他们才可以去谋求仕途。

**▍家风故事▍**

### 陈廷敬举贤的故事

陈廷敬（1638—1712 年），字子端，号说岩，晚号午亭，清代泽州人（山西省阳城县北留镇皇城村）。顺治十五年（1658年）中进士，被选为庶吉士。初名敬，因同科考取有同名者，故由朝廷给他加上"廷"字，改为廷敬。历任日讲起居注官、经筵讲官，《康熙字典》总裁官，工部尚书、户部尚书、文渊阁大学士、刑部尚书、吏部尚书，《康熙字典》总修官等职。陈廷敬为政清廉，《清史稿》给他以"清勤"的评价。在官居吏部尚书时，陈廷敬曾严饬家人，有行为不端者、有送礼贿赂谋私者，不得放入。他到礼部上任，曾立下规矩："自廷敬始，在部绝请托，禁馈遗。"康熙曾在乾清门召见政府九个部门的大臣，让他们荐举廉洁的官吏，众大臣各有荐举，应答还没有完，康熙特地问了陈廷敬，陈廷敬回奏："知县陆陇其、邵嗣尧都是清官，虽然治理的状况不同，他们的廉洁都是一样的。"于是这两个人都升为御史。当初陈廷敬屡次称赞这两个人，有人对他说这两个人廉洁而且刚强，刚强容易招祸，而且会有很多怨恨的人，恐怕要累及您。陈廷敬说："果真德才兼备。即使招祸且被人怨恨有什么妨碍。"

## 现代启示

当官从政，贵在清，重在清，全在清。"清"诠释的是清贫、清白、清政；绽放的是崇高的境界、官德、人格。特别是对党员干部来说，清廉是立身之本，要敬畏权力、法纪、监督，在法纪范围内履行职责，清清白白做人、干干净净做事、堂堂正正做官。要严格自律，常思贪欲之害、常怀律己之心，不断净化社交圈、生活圈、朋友圈，做到自己清、家人清、身边清。权力具有天生的腐蚀性，如果不受监督，就容易滋生腐败。党员干部一定要对权力保持高度的警惕性。要守得住清贫、耐得住寂寞、经得住诱惑、管得住小节，防微杜渐，慎之又慎。要在权力面前始终保持一个正常的心态，在权力面前把人做"小"，利用权力把应干的事干好。要坚持严以律己、廉洁用权，坚持交往有原则、有界限、有规矩，净化"朋友圈""社交圈"，回避功利交往的"吃吃喝喝"，谢绝称兄道弟的"拉拉扯扯"，干净做人做事，见理明而不妄取、尚名节而不苟取、畏法纪而不敢取，真正守得住物质上的清贫，忍得住生活中的寂寞，挡得住庸俗关系的拉拢，以实际行动树立党员干部的良好形象。

# 97.《曾国藩家书》：教儿女之辈，惟以勤俭谦三字为主

## 典故出处

### 《曾国藩家书·治家篇》

门第太甚，余教儿女之辈，惟以勤俭谦三字为主。余欲上不愧先人，下不愧子弟，唯以力教家中勤俭为主。余于俭字做到六七分，勤字尚无五分工夫。弟与沅弟于勤字做到六七分，俭字则尚欠工夫。以后勉其所长，各戒其所短。弟每用一钱，均需三思。至嘱！

## 译文

咱们家族人多，大家在教育子女的时候，一定要记住勤俭谦三个字。想要上对得起先人，下对得住子弟，一必须勤俭持家。我在俭字上做到了大概六七分，勤方面连五分都不足；弟弟和沅弟在勤字上也做到了六七分，但是在俭字上还差很多。以后我们互相勉励，互相监督，共同进步。弟弟在花钱的时候，一定要三思而行。

## 家风故事

### 曾国藩教子的故事

曾国藩（1811—1872 年），晚清时期政治家、战略家、理学家、文学家、书法家，与李鸿章、左宗棠、张之洞并称"晚清中兴四大名臣"。封一等毅勇侯，谥号"文正"，后世称"曾文正"。

曾国藩出身低微，但他学识渊博，能文能武，获得满朝文武百官的钦佩，被称之为"千古第一完人"。在读书和做人方面，他严于律己，对后代教育更是教导有方。他坚持从自身做起，知书达理，坚守清贫，同情穷人，不让孩子沾染宦官子弟的习气。曾国藩特别注重教育子女勤俭节约，曾国藩不让孩子跟随他到城市，要他们住在乡下老家。他写信告诉儿子，要勤俭自持，习惯于劳苦，不要贪念奢华，不可养成懒惰的习惯。教育女儿和新嫁进门的媳妇，要经常下厨房做饭，纺纱织布，勤于劳动，不要懒惰。他要求孩子做到的，自己一定先做到。在他教育影响之下，子孙个个有出息，他的长子曾纪泽，诗文书画俱佳，学贯中西，是著名外交人才。次子曾纪鸿，古算学研究取得相当成就，可惜英年早逝。孙辈曾广钧是一位才华横溢的诗人，曾昭抡是世界著名化学家，后辈子孙中还出了有较大影响的教育家和学者。

## 现代启示

习近平总书记强调："家庭是人生的第一个课堂，父母是孩子的第一任老师。孩子们从牙牙学语起就开始接受家教，有什么样的家教，就有什么样的人。家庭教育涉及很多方面，但最重要的是品德教育，是如何做人的教育。"新的形势下家庭教育，要紧紧围绕落实立德树人根本任务，切实对"孩子如何做人"做好正确家庭引导。在这方面，曾国藩的教子故事给我们提供了有益的参考。

曾国藩十分重视孩子的德行修养，要求孩子做读书明理的君子，勤俭持家、谦虚谨慎、礼贤下士。在现代家庭教育中，许多家长望子成龙心切，过多关心孩子的成绩，重视孩子智力的发展，忽视了孩子道德品质的教育，导致一部分孩子娇生惯养，沾染上不良习气。为了孩子的健康成长，家长应充分发挥家庭的作用，从小培养孩子的道德修养，让孩子养成好思想、好品德、好习惯。教育孩子，身教胜于言教。曾国藩身体力行，表里如一，做好孩子的表率，要求孩子做到的，自己先做到，通过自己的言行，形成良好的家风。这样的教育方法值得现代家长很好的学习。家庭是孩子第一所学校，家长是孩子第一任老师，一方面要通过自己的语言教育孩子，更要通过自己的行动去潜移默化地影响孩子。教育的本质是父母的修行，孩子的模仿力强，他会照着父母的样子去做，因此，在孩子面前，家长应慎言慎行。

## 98.林则徐：苟利国家生死以，岂因福祸避趋之

**典故出处**

### 清·林则徐《赴戍登程口占示家人二首》

力微任重久神疲，再竭衰庸定不支。

苟利国家生死以，岂因祸福避趋之！

谪居正是君恩厚，养拙刚于戍卒宜。

戏与山妻谈故事，试吟断送老头皮。

**译文**

我能力低微而肩负重任，早已感到筋疲力尽。一再担当重任，以我衰老之躯，平庸之才，是定然不能支撑了。

如果对国家有利，我将不顾生死。难道能因为有祸就躲避、有福就上前迎受吗？

我被流放伊犁，正是君恩高厚。我还是退隐不仕，当一名戍卒适宜。

我开着玩笑，同老妻谈起《东坡志林》所记宋真宗召对杨朴和苏东坡赴诏狱的故事，说你不妨吟诵一下"这回断送老头皮"那首诗来为我送行。

## 林则徐的传世家训："十无益"格言

林则徐（1785—1850年），福建侯官（今福建省福州市）人，是清代杰出的政治家、思想家，民族英雄。他本着"苟利国家生死以，岂因祸福避趋之"和"海纳百川，有容乃大；壁立千仞，无欲则刚"的人生态度，坚决维护国家主权和民族利益，主持了震惊中外的"虎门销烟"，并粉碎了英国侵略者的多次武装挑衅，表现了坚贞不渝的爱国主义精神。

林则徐的传世家训，叫作"十无益"格言。当时林则徐面对社会世风日下，道德沦丧，他综合社会上流传的格言，写下这篇传家之训。这篇家训不仅是林则徐个人的修身标准，更是教导子孙后代为人处世的经典范本。

存心不善，风水无益；不孝父母，奉神无益；兄弟不和，交友无益；行止不端，读书无益；心高气傲，博学无益；作事乖张，聪明无益；不惜元气，服药无益；时运不通，妄求无益；妄取人财，布施无益；淫恶肆欲，阴骘无益。

林则徐提出"十无益"的做人准则，与他的人生经历有着密切的关系。林则徐小时候家境十分清苦，清贫磨炼了林则徐的坚强意志，所以他幼小的生活就深深地印在他脑海里。父母的言传身教在林则徐幼小的心灵里转化成终生受用的精神财富；而林则徐本人，也用淡泊、仁爱、勤勉的家风，身体力行，教育后代。在林则徐纪念馆的第一展厅，悬挂着这样一副林则徐书写的对联："师友肯临容膝地，儿孙莫负等身书"。

1839年，林则徐奉命当上钦差大臣，一路风尘仆仆，刚到广州他就给夫人写了一封信，信中郑重告诫他的夫人，当官不易，做大官更难，我自己是毕恭毕敬，奉命唯谨，要告诉两个儿子，一定要千万务须谨慎，不可仰仗乃父的势力，到官府走动，或者干预地方上的事情。从这里可以看出来，林则徐一生确实是非常谨慎，所以他能够始终保持那么好的官声，这跟他自己遵守父亲对他的告诫，另外一方面他也按照这样的一个家风，告诉他的夫人，教育他的孩子，在这一点上，他是一脉相承他的家风。

## ▌现代启示▐

2018 年 2 月 14 日，习近平总书记在 2018 年春节团拜会上指出，千家万户都好，国家才能好，民族才能好，我们要弘扬中华民族传统美德，把爱家和爱国统一起来，把实现个人梦、家庭梦融入国家梦、民族梦之中。"家是最小国，国是千万家"。作为人类文明的四大发源地之一，中国有着悠久的历史和灿烂的文化，在漫长的文明演变中，逐渐形成了以"家国同构主义"为基础的国家结构形式，历经各个朝代更替而不为所变。所谓家国同构主义结构，是指在国家发展和社会进步中，作为整体的国家和作为个体的家庭，在价值取向、利益诉求、结构形态和前途命运上具有高度的一致性和相通性。国，其实是家的放大；家，不过是国的缩小。国和家的融合相通慢慢形成了中华民族特有的国家主义观念，使得国家成为全体中华儿女共同的安全堡垒、精神支柱和心灵家园。在其中，民族意识得以滋润成长，个人幸福得以保障发展。基于这种特殊的家国一体结构，国家的富强文明必然伴随着中华民族的崛起振兴和中国人民的幸福安康。衡量中华民族伟大复兴是否得以实现的最直接标准就看，是否实现了国家富强、民族振兴、人民幸福，三者是三位一体、紧密相连的有机关系。在这种特殊的家国同构模式下，只有将个人家庭的发展和国家的富强、民族的复兴和社会的进步紧密结合起来，人民的幸福才能真正得以实现。

# 99. 张之洞《诫子书》：振兴之道，第一即在治国

## 典故出处

### 清·张之洞《诫子书》

方今国事扰攘，外寇纷来，边境屡失，腹地亦危。振兴之道，第一即在治国。治国之道不一，而练兵实为首端。汝自幼即好弄，在书房中，一遇先生外出，即跳掷嬉笑，无所不为，今幸科举早废，否则汝亦终以一秀才老其身，决不能折桂探杏，为金马玉堂中人物也。故学校肇开，即送汝入校。当时诸前辈犹多不以然，然余固深知汝之性情，知决非科甲中人，故排万难送汝入校，果也除体操外，绝无寸进。

## 译文

现在国家纷乱，外寇纷纷入侵，边疆国土接连失陷，国家腹地亦已危殆。兴国之道，最重要的是治理好国家。治理好国家的办法不止一个，训练军队实在是首要的办法。你从小就贪玩好动，在书房中，老师一旦离开，你就跳掷嬉笑，什么事情都干。如今碰上科举已废除，要不你最多也就只能以一个秀才的身份终老，一定不能金榜题名，成为朝廷的官员。所以学校开始设立，我就送你入学。那时还有很多前辈不认可这样的做法，但我十分了解你的性情，知你一定不是科举之人，所以排除各种困难送你入学读书，果然除体操外，其他的没一点儿长进。

**▎家风故事▎**

## 用"延安作风"打败"西安作风"

1947年胡宗南占领延安，8月7日蒋介石为督战飞到了延安。国民党军的最高统帅以占领者的姿态进入共产党人的革命圣地，这一事件在国民党方面看来极具象征意义。于是，接到蒋介石来延安的指令后，胡宗南立即忙碌起来。飞机在西安与延安之间往来多次，洋瓷脸盆、澡盆、马桶、沙发、钢丝床、山珍海味、西餐用具以及西餐厨师等一应俱全地被运抵贫困的延安山城。8月7日上午，"美龄号"专机在延安简易机场内尘土飞扬的跑道上降落，蒋介石被安排在延安最好的宾馆里。这大概就是国民党的"西安作风"。

第二天一大早，蒋介石开始在延安城里转悠。在杨家岭，蒋介石终于看见了他的对手毛泽东曾经住过的那间窑洞，与当地农民的窑洞没有任何区别，门窗是没有油漆过的陈旧的木头做的，窑洞内墙面剥落，靠窗的那张榆木桌的桌面坑洼不平，简陋的床也是榆木钉起来的。窑洞外面的院子里有棵树，树下有个石凳，还有架纺线的纺车。尽管从1927年国共决裂开始，蒋介石就知道共产党人已被逼进了山林和乡村；特别是1934年，国民党军通过5次大规模的"围剿"，占领了共产党人的首府江西瑞金，迫使他们千里万里地走向中国西部人烟稀少的地带之后，毛泽东与他的部队面临危境、身处绝境的情报从来就没有中断过。可是，此时，面对破败的延安小城，面对这些近乎原始的窑洞和小煤油灯，蒋介石还是感到十分震惊，对"延安作风"有了新的认识。中国共产党就是靠毛泽东倡导的"延安作风"打败了国民党的"西安作风"。从某种意义上讲，中国革命的胜利就是这种"延安作风"的胜利。

## 现代启示

节俭朴素，力戒奢靡，历来是我们党的传家宝。中国共产党立志于千秋大业，必须要有一代又一代能够担当民族复兴大任的时代新人来赓续血脉，必须要有一批又一批信念坚定、志存高远的党员干部来干事创业，必须时刻头脑清醒、政治坚定，艰苦奋斗、拼搏奉献，组织坚强、行动有力，否则，就会陷入无穷反复的"历史周期率"的泥潭中而不能自拔。

我们党自诞生之日起，就把艰苦奋斗作为自己的鲜明作风，一部党史就是一部党的艰苦奋斗史。从井冈山上的红米饭、南瓜汤，到长征路上挖野菜、啃树皮、吃皮带，再到点燃真理火种的延安的简陋窑洞，直至新中国成立后毛泽东打了73个补丁的睡衣，无一不是艰苦奋斗精神的传承和弘扬。当年美国记者斯诺到延安采访，认定艰苦朴素、廉洁奉公的共产党人是一支"神奇的队伍"，具有"东方魔力"，"是无法打败的"。历史印证了这一预言，正是靠着艰苦奋斗的"延安作风"，共产党打败了国民党的"西安作风"，赢得了民心和江山。

100. 刘蓉《习惯说》：一室之不治，何以天下家国为？

## ▎典故出处▎

### 清·刘蓉《习惯说》

蓉少时，读书养晦堂之西偏一室。俯而读，仰而思；思有弗得，辄起绕室以旋。室有洼，经尺，浸淫日广。每履之，足苦踬焉。既久而遂安之。一日，父来室中，顾而笑曰："一室之不治，何以天下家国为？"命童子取土平之。后蓉复履其地，蹴然以惊，如土忽隆起者，俯视地坦然，则既平矣。已而复然。又久而后安之。噫！习之中人甚矣哉！足之履平地，而不与洼适也，及其久，则洼者若平，至使久而即乎其故，则反窒焉而不宁。故君子之学，贵乎慎始。

## ▎译文▎

刘蓉年少时在养晦堂西侧一间屋子里读书。他低下头读书，遇到不懂地方就仰头思索，想不出答案便在屋内踱来踱去。这屋有处洼坑，直径一尺，逐渐越来越大。每次经过，刘蓉都要被绊一下。起初，刘蓉感到很别扭，时间一长也就习惯了。一天，父亲来到屋子里坐下，回头看看那处洼坑笑着说："你连一间屋子都不能治理，凭什么能治理好国家呢？"随后叫仆童将洼坑填平。父亲走后，刘蓉读书思索问题又在屋里踱起步来，走到原来洼坑处，感觉地面突然凸起一块，心里一惊，觉得这块地方似乎突然高起来了，低头看，地面却是平平整整。以后踏这块地，仍旧还有这样的感觉。又过了好些日子，才慢慢习惯。唉！习惯对人的影响，是非常厉害的啊！脚踏在平地上，便不能适应坑洼；时间久了，洼地就仿佛平了；以至于把长久以来的坑填平，恢复到原来的状态，却认为是阻碍而不能适应。所以说君子做学问，最重要的就是开始时需谨慎。

## 家风故事

### 陆贽"慎初"的故事

唐代宰相陆贽为官清廉，与藩镇大员交往，向来一尘不染。唐德宗担心他"清慎太过"，恐怕会妨碍公务，对他说，"卿清慎太过，诸道馈遗，一皆拒绝，恐事情不通"，建议他若不接受贵重礼物，细小物品如靴鞭之类，受亦无妨。陆贽却不以为然，认为："贿道一开，展转滋甚。鞭靴不已，必及金玉。目见可欲，何能自窒于心！已与交私，何能中绝其意！是以涓流不绝，溪壑成灾矣。"由小礼物到大礼物，由便宜的礼物到贵重的礼物，贪得无厌，最终，"货贿上行，则赏罚之柄失；贪求下布，则廉耻之道衰。"鞭靴看似微小，却能导致欲望的多米诺骨牌倒下，第一块骨牌倒下，接下来所有的骨牌也难不倒下。陆贽认为遏制贪腐最有效的手段，就是慎初如始，把贪欲扼杀在萌芽阶段。

## 现代启示

西汉陈番说："大丈夫处世，当扫除天下，安事一室乎？"清朝湘军将领刘蓉却说："一室之不治，何以天下家国为？"两人的说法，看起来是矛盾的，其实二者并不矛盾，是分别从宏观和具体、战略和战术角度，对修身立志、干事创业提出的要求。陈番强调的是人要胸怀大志、志存高远，刘蓉强调的是人要脚踏实地、慎始慎终，二者的结合就夯实了现代人成功的基石。

任何大事都是从小事开始的，"不以事小而忽略，不以事大而轻浮。"对待小事，我们不能熟视无睹、视而不见，更不要心浮气躁，好高骛远。"宰相必起于州部，猛将必发于卒伍"。即使那是大人物做大事的，也是从平凡做起，从主动担当每件小事做起，责任不分位置，而重在人心中的分量。证明自己最好的方法就是承担责任，只有责任才能证明自己比别人更出色。小事是过程，大事是结果，大是由小演变来的，小事做得不好的人，大事也一定做不了，正所谓"一屋不扫何以扫天下"。重视细节、重视过程是具有责任心的表现，如果我们能以做人的标准，以最大的责任心对待我们做的每件小事，把这些看作是为自己成长的基石，才有担当更大责任的机会，才有实现自我价值的机会，才会实现更高的人生价值。

# 101.《官箴》：公生明，廉生威

## 典故出处

### 清代《官箴》

吏不畏吾严，而畏吾廉；民不服吾能，而服吾公。公则民不敢慢，廉则吏不敢欺。公生明，廉生威。

## 译文

官吏不害怕我严厉，而害怕我廉洁；民众不服从我才能，而服我公正；公正民众就不敢怠慢，廉洁官吏就不敢欺骗。公正让人明察秋毫，清廉让人不怒自威。

## 家风故事

### 朱德总司令借款赡母的故事

1937年初冬，抗日战争的主战场华北地区一片萧瑟，驻扎在山西洪洞战地的八路军总司令朱德提笔写了一封"借款信"。原来，在外领兵打仗多年的朱德得知家中近况颇为寥落，已经到了揭不开锅的境地。一想到自己八十岁的老母亲在这个荒年可能吃不饱也穿不暖，朱德心里虽急，却因囊中羞涩而无可奈何。这时，他想到了在四川泸州开药店的好友戴与龄，希望他能接济一下家中老母。但这笔钱，总司令却明确表示，还不起也并不打算还。"我十数年实无一钱，即将来亦如是。我以好友关系向你募贰佰元中币，速寄家中朱理书收。此款我亦不能还你，请作捐助吧。"戴与龄小朱德两岁，两人一同参加过科举考试，都考过了乡试和府试。朱德在德国和苏联学习期间，戴与龄曾多次接济朱德，后来还追随朱德参加了南昌起义，他们是惺惺相惜的多年挚友。接信后，戴与龄随即给朱德家里寄去了两百元中币，差不多是现在的四万元。作为八路军总指挥的朱德"十数年实无一钱"，着实令人震惊。

## 现代启示

公生明，廉生威，廉洁自有正气来。清廉与否，是古往今来人心向背的"晴雨表"。只有一心为公、事事出于公心，才能坦荡做人、谨慎用权，才能光明正大、堂堂正正。只有自己炼就金刚不坏之身，才能有敢于担当、勇于担当、善于担当的底气和胆气。无私才能无畏，无畏才敢担当，清正廉洁是形象更是力量。我们要始终保持高尚的道德情操，常修为政之德，常怀律己之心，坚决做到慎独、慎初、慎微、慎友；要坚持以德为先、以职为重、以廉为道、以纪为绳，管得住自己，耐得住寂寞，经得起诱惑，守住党纪国法的"红线"和做人做事的"底线"，以无我大我为境界，以慎独慎初为坚守，以良好家风为屏障，从点滴之处做起，更加自觉地从严修身律己、筑牢廉洁防线，做到一心为公、一身正气、一尘不染。

# 后　记

　　家是最小国，国是千万家。家庭是社会的基本细胞，家庭的前途命运同国家和民族的前途命运紧密相连。党的十八大以来，习近平总书记高度重视家风建设，围绕注重家庭、注重家教、注重家风建设发表了一系列重要论述，指出要把家风建设摆在重要位置，廉洁修身、廉洁齐家，在管好自己的同时，严格要求配偶、子女和身边工作人员，强调要使千千万万个家庭成为国家发展、民族进步、社会和谐的重要基点，把实现个人梦、家庭梦融入国家梦、民族梦之中。

　　涵养家风，利国利民；家风建设，人人有责。本书以习近平总书记关于注重家庭家教家风建设的重要论述精神为指导，以中华优秀传统文化中的天下为公、民为邦本、为政以德、革故鼎新、任人唯贤、天人合一、自强不息、厚德载物、讲信修睦、亲仁善邻等核心价值观为依据，从传统典籍文献中精选了100余个关于家风家教方面的典故论述，同时配以与之相关的鲜活故事和现代启示加以解释说明，希望广大读者在研习典故、阅读故事的同时，领会其中蕴含的关于修身养性、求学做人、干事创业、为官从政方面的优良传统和深刻道理。

　　本书属于国家社科基金项目"中华廉洁文化精髓提炼及其在政策法规领域的运用研究"（项目编号 22VRC027）的阶段性研究成果。本书在编写过程中参考了专家学者的观点和论述，限于本书体例没有一一列出，在此表示致歉和感谢。由于编者理论水平有限，实践经验不足，本书的错误纰漏之处在所难免，对此恳请广大读者批评指正。

编　者

2023 年 7 月

责任编辑：洪　琼

**图书在版编目（CIP）数据**

典故里的家风故事／秦强 编著 . —北京：人民出版社，2023.10
　（2025.4 重印）
ISBN 978－7－01－025695－5

I.①典…　II.①秦…　III.①家庭道德－中国－通俗读物　IV.① B823.1-49

中国国家版本馆 CIP 数据核字（2023）第 082463 号

**典故里的家风故事**

DIANGU LI DE JIAFENG GUSHI

秦　强　编著

人民出版社 出版发行
（100706　北京市东城区隆福寺街 99 号）

北京汇林印务有限公司印刷　新华书店经销

2023 年 10 月第 1 版　2025 年 4 月北京第 4 次印刷
开本：710 毫米 ×1000 毫米 1/16　印张：21.75
字数：340 千字

ISBN 978－7－01－025695－5　定价：69.00 元

邮购地址 100706　北京市东城区隆福寺街 99 号
人民东方图书销售中心　电话（010）65250042　65289539